QIMIAODESHENGYINYUZHENDONG

奇妙的声音与振动

于巧琳 主编

哈爾濱工業大學出版社
HARBIN INSTITUTE OF TECHNOLOGY PRESS

图书在版编目（C I P）数据

奇妙的声音与振动 / 于巧琳主编 . — 哈尔滨 : 哈尔滨工业大学出版社 , 2016.10
（好奇宝宝科学实验站）
ISBN 978-7-5603-6013-3

Ⅰ . ①奇… Ⅱ . ①于… Ⅲ . ①声学 — 科学实验 — 儿童读物 Ⅳ . ① O42-33

中国版本图书馆 CIP 数据核字 (2016) 第 102714 号

策划编辑　闻　竹
责任编辑　范业婷
出版发行　哈尔滨工业大学出版社
社　　址　哈尔滨市南岗区复华四道街 10 号　邮编　150006
传　　真　0451-86414749
网　　址　http://hitpress.hit.edu.cn
印　　刷　哈尔滨经典印业有限公司
开　　本　787mm × 1092mm　1/16　印张 10　字数 149 千字
版　　次　2016 年 10 月第 1 版　2016 年 10 月第 1 次印刷
书　　号　ISBN 978-7-5603-6013-3
定　　价　26.80 元

《好奇宝宝科学实验站》
编委会

前 言

科学家培根曾经说过：“好奇心是孩子智慧的嫩芽”，孩子对世界的认识是从好奇开始的，强烈的好奇心会增强孩子的求知欲，对创造性思维与想象力的形成具有十分重要的意义。本系列图书采用科学实验的互动形式，每本书中都有可以自己动手操作的内容，里面蕴含着更深层次的科学知识，让小读者自己去揭开藏在表象下的科学秘密。

本书内容的形式主要分为【准备工作】【跟我一起做】【观察结果】【怪博士爷爷有话说】等模块，通过题材丰富的手绘图片，向读者展示科学实验的整个过程，在实验中领悟科学知识。

这里需要明确一件事，动手实验不仅仅局限于简单的操作，更多的是从科学的角度出发，有意识地激发孩子对各方面综合知识的认知和了解。回想我们的少年时光，虽然没有先进的电子玩具，没有那么多家长围着转，但是生活依然充满趣味。我们会自己做风筝来放，我们会用放大镜聚光来燃烧纸片，我们会玩沙子，我们会在梯子上绑紧绳子荡秋千，我们会自制弹弓……拥有本系列图书，家长不仅可以陪同孩子一起享受游戏的乐趣，更能使自己成为孩子成长过程中最亲密的伙伴。

本书主要介绍了 60 个关于声音与振动的小实验，适合于中小学生课外阅读，也可以作为亲子读物和课外培训的辅导教材。

由于编者水平及资料有限，书中不足之处在所难免，恳请广大读者批评指正。

编 者

2016 年 4 月

目 录

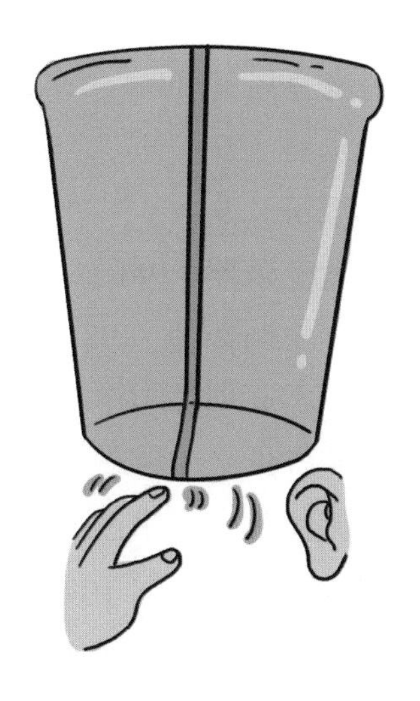

1. 声音是怎么产生的

我们能听到说话的声音及碰到响动的物体发出的声音，那你知道声音是怎么产生的吗？做完下面的实验，你就能找到答案了。

准备工作

- 一个卫生纸卷筒
- 一张蜡纸
- 一卷胶带

跟我一起做

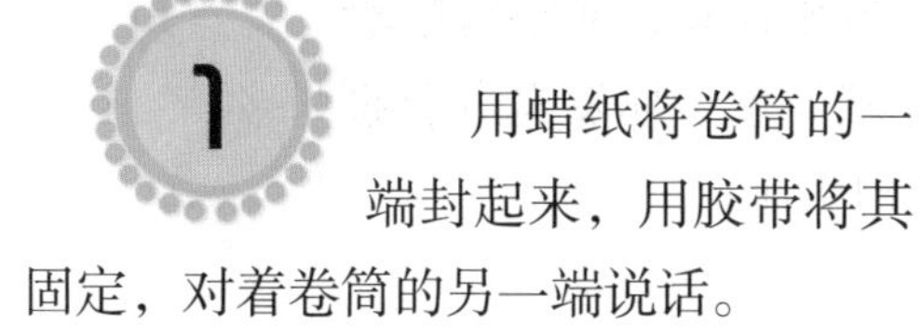

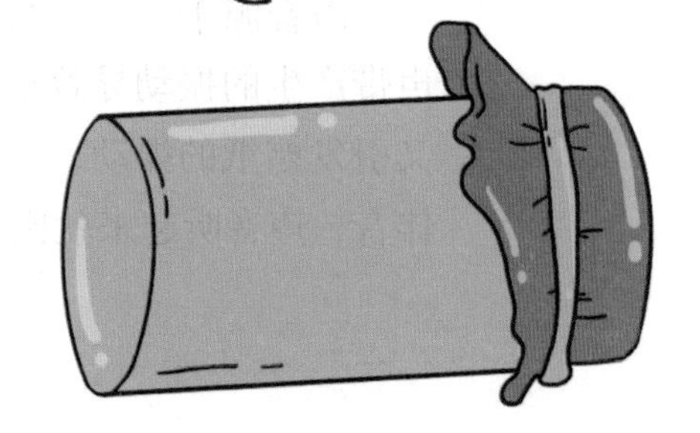

1 用蜡纸将卷筒的一端封起来，用胶带将其固定，对着卷筒的另一端说话。

将一根手指轻轻地放在蜡纸上，感受蜡纸的变化并聆听发出的声音。

说话的声音越大，效果越明显哦！

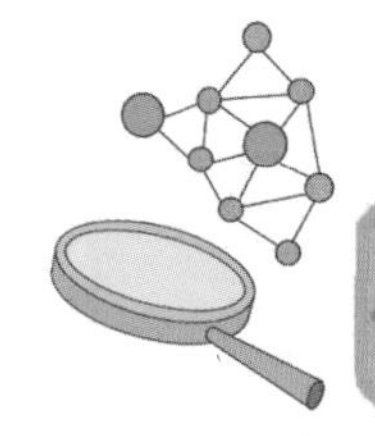

观察结果

你能感受到蜡纸在振动，而声音听起来比平时大。

怪博士爷爷有话说

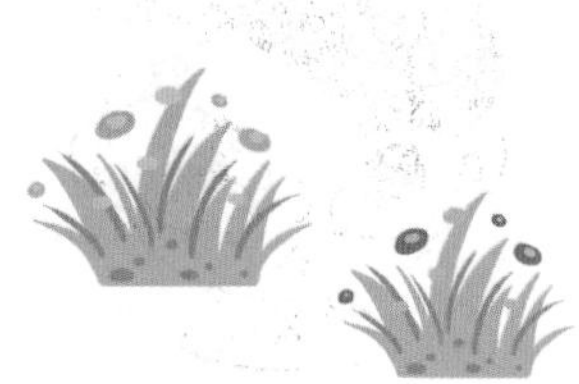

声音源于振动。当你对着卷筒口说话时，由声带产生的振动导致空气发生振动，而空气振动又引发蜡纸的振动，这样就产生了你发出声音的伴音，声音听起来就比平时大了。

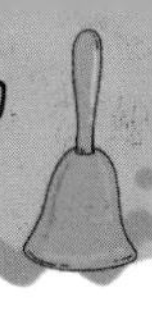

2. 声音的传播方式

声音是以什么方式传播的呢？我们一起来做下面的实验，就能找到答案了。

准备工作

- 一个音叉
- 一个小盆子
- 一张桌子
- 水

跟我一起做

1 用音叉的一个齿敲击桌子的边缘。

2 将音叉迅速放入水中。

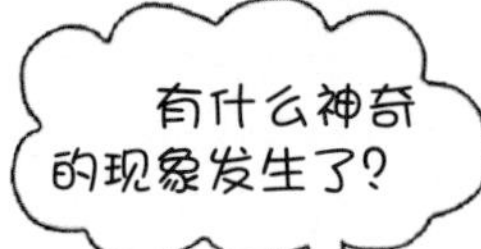

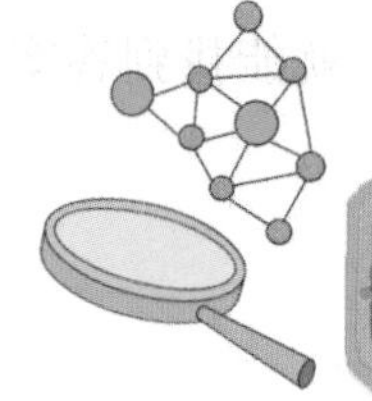

观察结果

第一步中，音叉会发出声音。

第二步中，水开始喷溅并形成小波浪。

怪博士爷爷有话说

当你用音叉敲击桌子时，音叉会因为振动而发出声音。一开始并没有看到它的振动，但是在音叉没入水中后，水的运动将音叉的振动表现了出来。音叉引起空气运动就像它引起水振动一样，声源附近的空气引起周围空气的振动，接着这些周围的空气又引起旁边空气的振动，直到振动到达我们的耳朵里，耳朵将振动接收后再传到大脑中。

这个实验的道理跟扔一块石头或者一个球在水面激起波浪的传播方式是相同的。

3. 声音的传递

准备工作

- 两只一样的高脚杯
- 一根细铜丝
- 一根塑料棒
- 水

跟我一起做

1 将两只高脚杯分别加入半杯水，然后距离5厘米分开摆放。

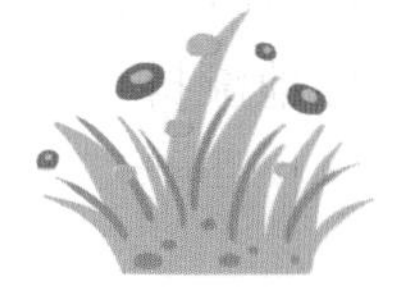

将细铜丝放在其中一只高脚杯里。

用塑料棒敲击另外一只高脚杯。

要把握好敲击的力度哦！

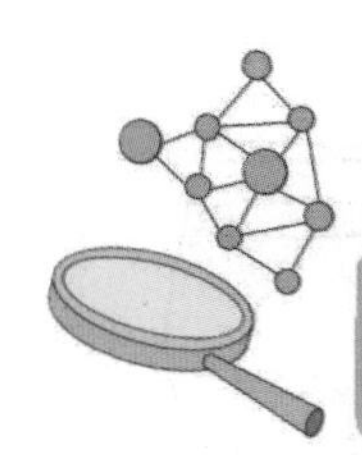

观察结果

即使没有去碰那只放细铜丝的高脚杯，它里面的水也在振动，并且里面的细铜丝也在不停地颤抖。

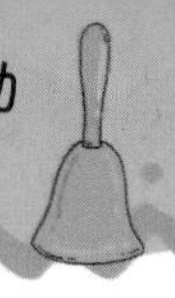

怪博士爷爷有话说

原来，声音是能够传播的。当第一只杯子振动时，通过空气形成的声波，传递给第二只杯子。不过，这种共振只能在两个振动频率相同的杯子间发生。如果没有发生共振，就需要调节第二只杯子中的水量和两只杯子之间的距离了。

4. 分辨不同的声音

为什么有的物体发出的声音比较高,而有的物体发出来的声音比较低呢?做完下面的实验,你就能找到答案了。

准备工作

- 一卷胶布
- 一把长尺
- 一把短尺
- 一张桌子

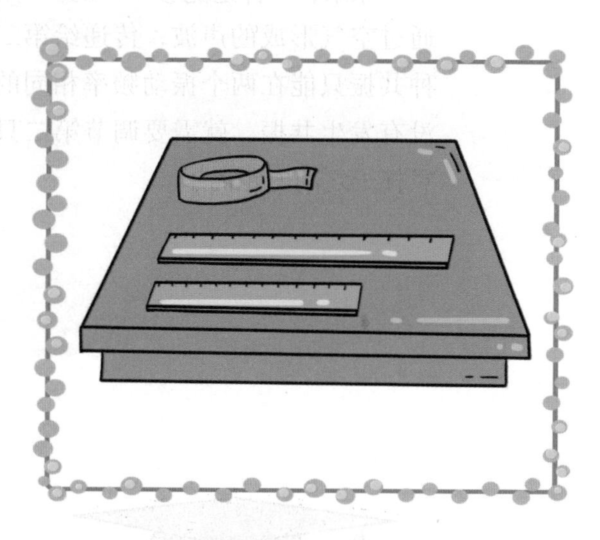

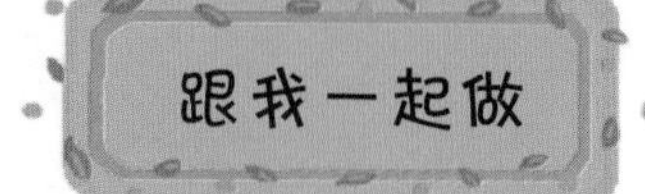

跟我一起做

一定要将尺子粘牢,否则实验很容易失败。

用胶布将两把尺子分别粘在桌子的边缘,保证尺子的一多半露在桌子外面。

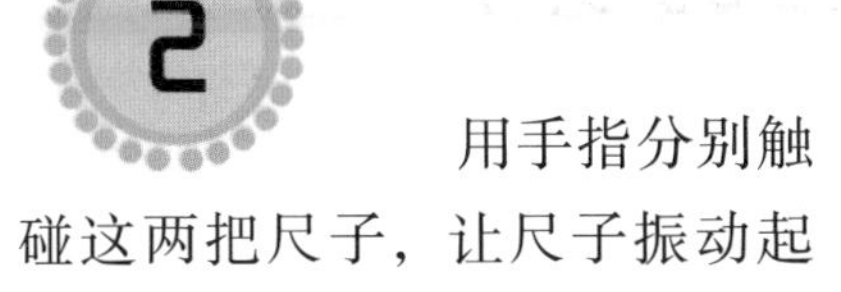

用手指分别触碰这两把尺子，让尺子振动起来。

聆听这两把尺子发出的声音有什么区别？

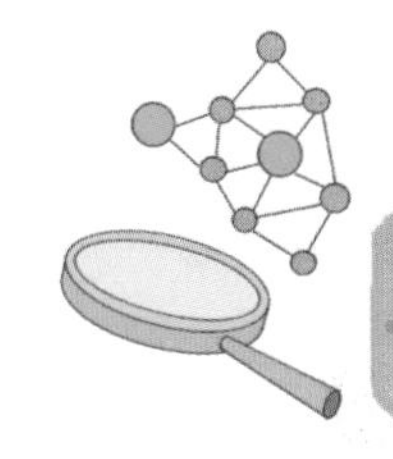

观察结果

你会看到，长尺子振动得慢，并会发出沉闷的声音。短尺子振动得快，发出的声音尖锐。

怪博士爷爷有话说

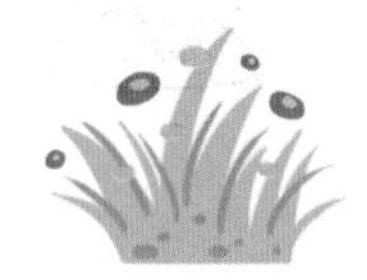

从实验中我们可以知道，不同物体的声音振动频率是各不相同的。频率是指物体每秒振动的次数。频率越高，音调就越高；频率越低，音调就越低。长尺子的振动频率低，振动时发出来的声音音调比较低，短尺子的振动频率高，发出来的声音音调比较高。

5. 低沉的钟声

用一把不锈钢勺子就能制造出低沉悠远的钟声，意想不到吧？还是自己动手来试试吧！

准备工作

- 一把不锈钢勺子
- 一根长绳

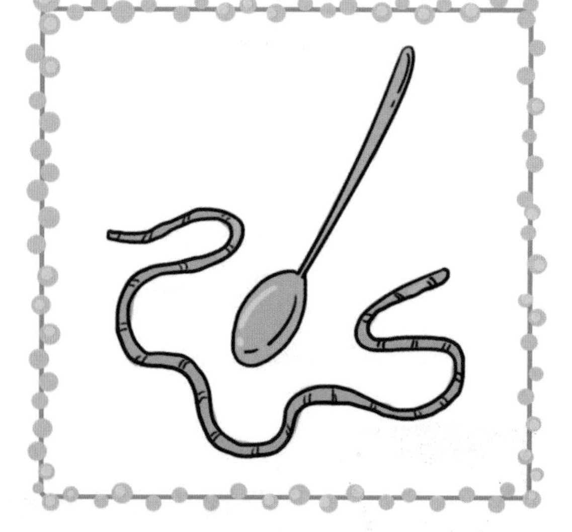

跟我一起做

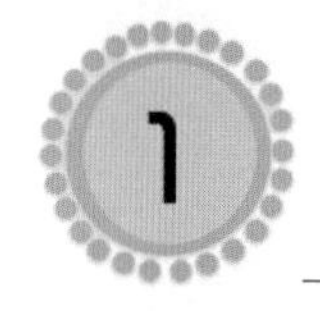

在绳子中间系一个简单的活结，中间留一个圆环。

将勺子的柄套在圆环内，再将环拉紧，以免勺子滑掉。调整勺子的位置，让勺子头朝下。

将绳子的一端压在左耳外，另一端固定在墙上，然后轻轻摇晃绳子，让勺子打到桌子边缘，仔细聆听会发出什么声音。

你会听到低沉悠远的钟声，不像是勺子敲在桌子上的声音。

怪博士爷爷有话说

绳子传播声音的效果比空气好得多，而且能把声音直接传入你的耳朵。勺子敲打在桌子边缘引起振动，绳子传导了勺子的振动，所以我们能听到像钟声一样低沉的声音。

6. 小鸟的叫声

好想听小鸟的叫声，但是身边没有小鸟，怎么办呢？跟我们一起做下面的实验，你就能听到欢快的鸟叫声了。

准备工作

- 两个纸杯
- 一根吸管
- 一卷胶带
- 一把小刀

跟我一起做

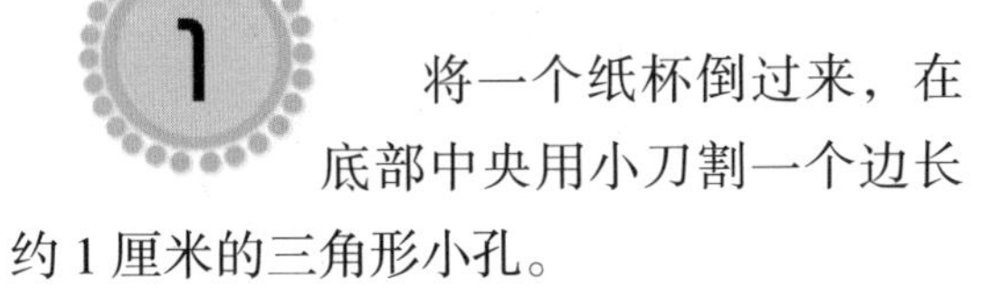

使用小刀的时候要注意安全，不要伤到手。

1 将一个纸杯倒过来，在底部中央用小刀割一个边长约 1 厘米的三角形小孔。

吸管口要正对着三角形小孔的一角。

将吸管平放在杯底上，并用胶带固定好吸管。

用胶带将两个纸杯口对口地粘在一起。

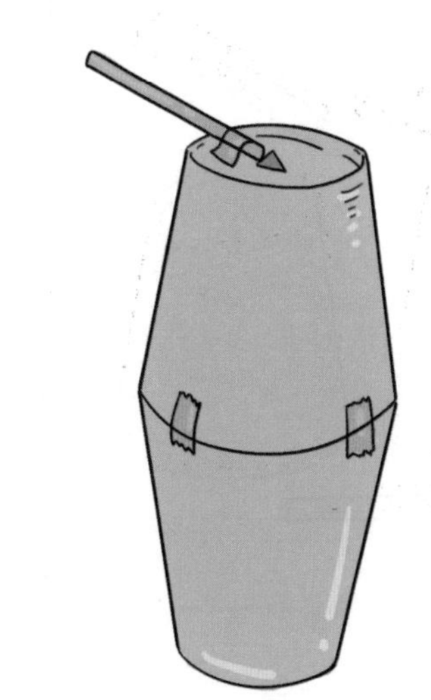

胶带要密封严实。

向吸管中吹气，你会听到什么声音？

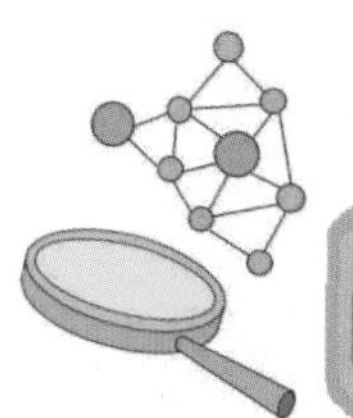

观察结果

吹气时，你能听到欢快的鸟叫声。

怪博士爷爷有话说

这是一个关于共振的实验。两个纸杯粘在一起，便能够制造出一个封闭的共鸣箱。我们借着吸管将空气透过三角形小孔传入杯内，杯内的空气受到振动形成声波，而声波在封闭的空间内能产生共振，使声音强度变大，传出来的声音就变大了，听起来就像鸟叫声一样。

7. 能发出声音的绳子

我们知道人和动物能发出声音，收音机、电视、汽车也能发出声音。如果告诉你绳子也能发出声音，你们相信吗？

准备工作

- 细而坚固的绳子
- 有两个孔的大纽扣

跟我一起做

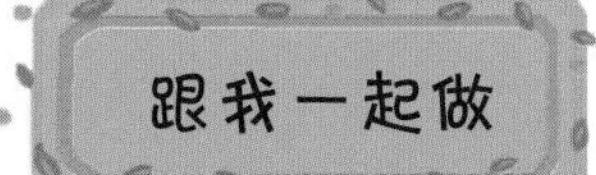

向里转或者向外转都行，但是一定要保持同一方向。

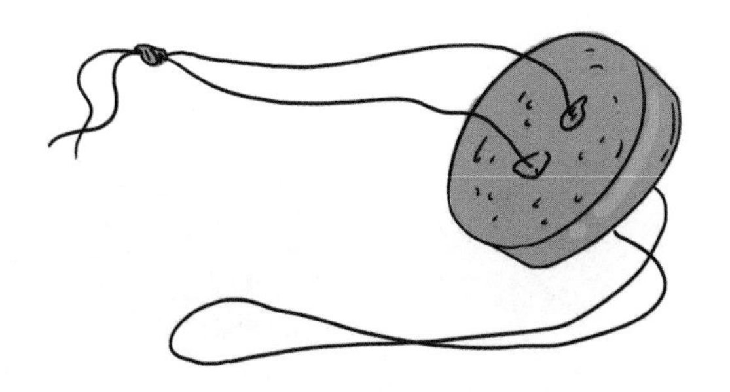

1

将绳子穿过纽扣孔，在末端打结。再将纽扣移动到绳子的中间。

将纽扣两端的绳子各自套在两只手的食指上，转动纽扣几次。

转动的次数不宜太少，最好多转几圈。

当绳子绕成麻花状后，分开手，将绳子拉紧，然后将手收拢再分开。拉紧、分开交替进行，直到绳子解开为止。

这个过程中，你注意听绳子是否发出了声音？

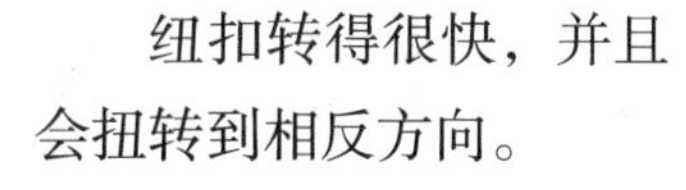

纽扣转得很快，并且会扭转到相反方向。

观察结果

绳子居然会发声？这是为什么呢？

你能听到绳子发出“嗡嗡”的声音。

怪博士爷爷有话说

这个实验告诉我们，声音的产生来自于物体的振动。实验过程中，纽扣快速旋转带动了周围的空气振动，因此产生了“嗡嗡”的声音。

8. 发出两种声音的铃铛

在同一个铃铛上采用不同的方式，竟然可以让它发出两种声音，为什么会这样呢？

准备工作

- 一个大铃铛
- 一根表面光滑的木棍

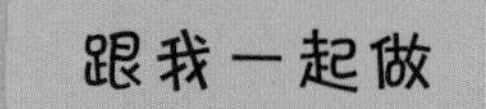

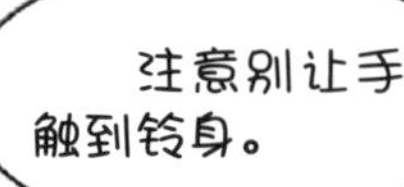

正常单手摇晃铃铛，注意听铃铛发出的声音。

2

用右手握住铃铛的摇杆，铃铛口朝下，另一只手拿着木棍，并让它紧贴着铃铛的底端沿着周边做持续平衡的圆周运动。这时，铃铛会发出什么样的声音呢？

3

紧接着上一步，拿开木棍，再次摇动铃铛，铃铛会发出什么样的声音？

铃铛的声音真好听！但声音好像都不同。

观察结果

第一步中，铃铛会发出清脆的声音。

第二步中，铃铛会发出“嗡嗡”的声音。

第三步中，铃铛会发出“铃铃”和“嗡嗡”两种声音。

怪博士爷爷有话说

摇动铃铛时，铃铛受到撞击而产生振动，所以才会发出声音。铃铛能够发出两种声音是因为它受到了**两种振动**。摇动铃铛时，铃舌重重地撞在铃铛壁上，产生了一种尖锐单一的撞击，使得铃铛发出一种清脆的“铃铃”声。当木棍沿着铃铛底端做圆周运动时，对铃铛产生许多细小的撞击。这种细小的撞击每秒钟振动多次，振动频率跟前者不同，使得铃铛发出了“嗡嗡”的声音。第三步中之所以发出两种声音，是因为刚拿走木棍，振动频率还没有完全转变过来。

9. 发出声音的冰块

你一定没有听过冰块发出的声音吧！下面就带领大家做一个让冰块发出声音的实验。

准备工作

- 一块干冰
- 某种金属条
- 一把钳子
- 一个酒精灯
- 一盒火柴
- 一个铁质容器

跟我一起做

1 点燃酒精灯，用钳子夹住金属条放在酒精灯上加热。

2 将干冰放进铁质容器里，再将加热后的金属条放到干冰上。

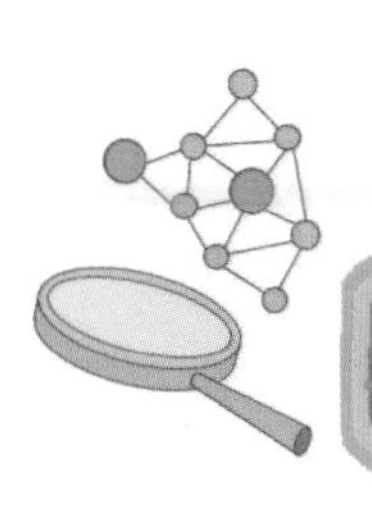

观察结果

哈哈，冰块好像被热哭了！

你会听到冰块发出了“刺啦、刺啦”声，只要金属条没有完全冷却，这种声音就不会停止。

怪博士爷爷有话说

干冰受热后会变成气体二氧化碳，而压在金属条下面的气体二氧化碳会跑到空气中。当气体二氧化碳从金属条和干冰之间“逃跑”后，金属条又会重新落下来压在干冰上；而新生成的气体二氧化碳又会再一次将金属条推开。这样一来，金属条就会快速运动起来。金属条运动时，会带动周围的空气一起振动，这样干冰就发出声音了。

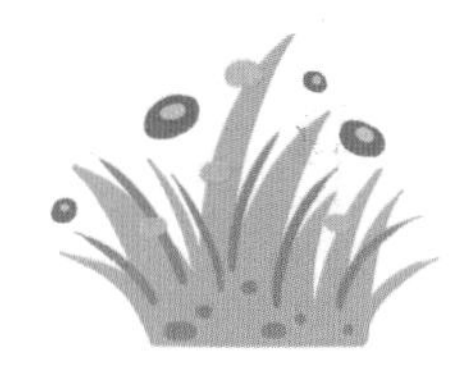

10. 纸的噪声

只要准备两张纸，就能制作一个噪声发生器，听起来很有趣，跟我们一起做做看吧。

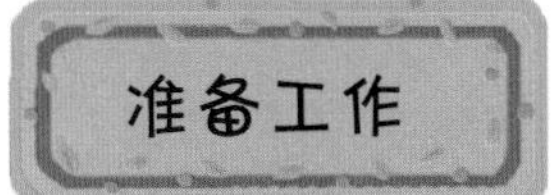

- 两张纸

跟我一起做

超过边缘的距离要掌握好哦！

1 把一张纸放在另一张纸上，让下面那张纸向你身体的方向移动，超出另一张的边缘 1 厘米多点。

用手捏住这两张纸的边缘，将它们拿起来，放在你的面前。

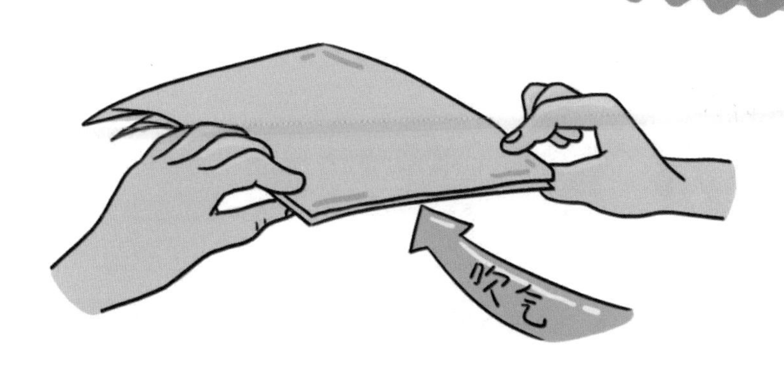

实验过程中，不要一直吹气，否则会感到头晕的。

3

对着这两张纸吹气，会听到什么声音？

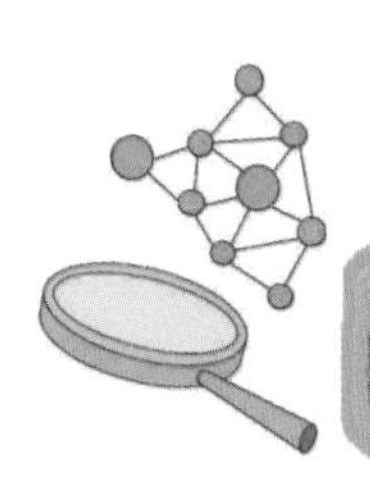

观察结果

当你对着这两张纸吹气时，它们会迅速地振动，并且发出奇怪、嘈杂的声音。

如果没有听到声音，就让嘴更靠近纸一些，然后再吹气，如果还是没有听到任何声音，你可以调整一下你手指的位置，让手离嘴更近一点儿或更远一点儿，然后再调整一下你吹气的力度，一定会成功的。

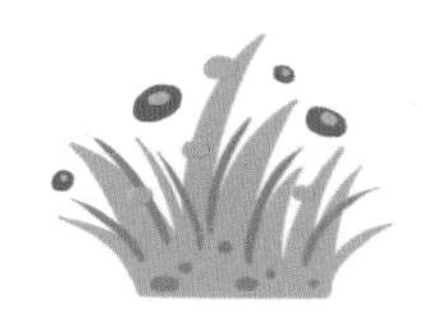

怪博士爷爷有话说

小朋友能听到纸发出的噪声，是因为纸振动时，会产生声波，你的耳朵接收到这些声波，所以你就能听到声音啦！

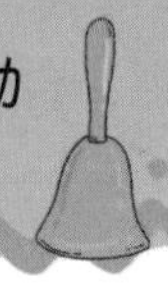

11. 可怕的声音

人们平时看恐怖电影的时候，是不是会听到可怕的哭声，其实这种声音我们也可以发出，快来跟我一起做做看。

准备工作

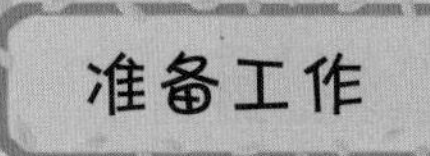

● 一张玻璃纸

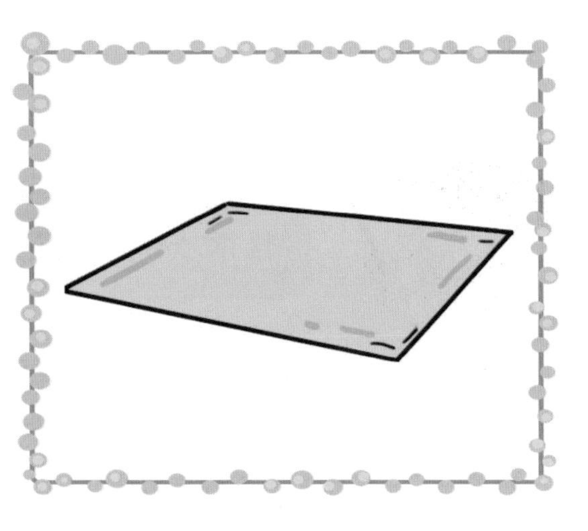

跟我一起做

嘴里吹出来的气流越小，效果越好。

1 用双手将玻璃纸拉直。

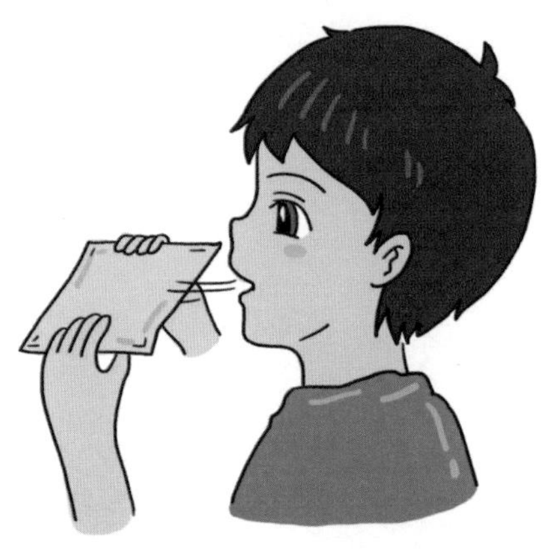

2 将拉直的玻璃纸放在嘴边，闭紧双唇用力向玻璃纸的边缘吹气。

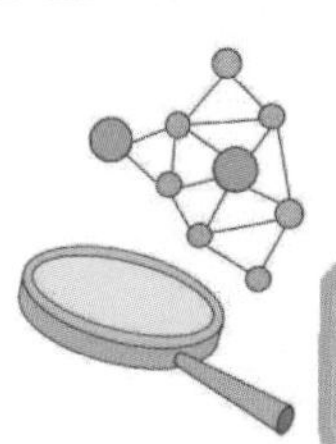

观察结果

你会听到一种让人很不舒服的声音，就像有人在哭。

怪博士爷爷有话说

玻璃纸很薄，当你向玻璃纸吹气时，它能够很快被气流带动起来并发出声音。玻璃纸振动得越快，发出声音的音调就会越高，人听了这种高出平常听到音调的声音就会感觉不舒服。

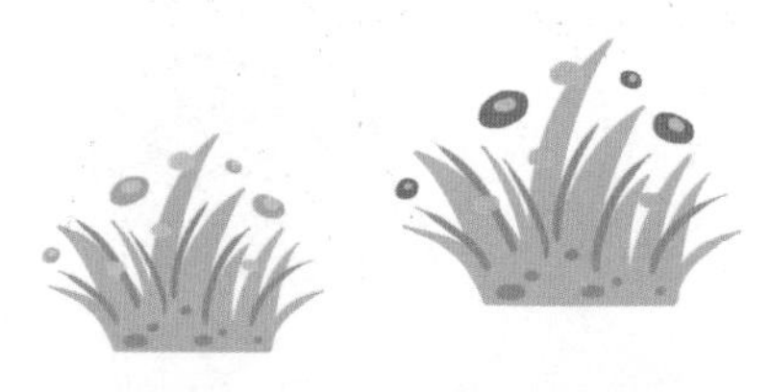

12. 弹回来的声音

声音能像拍到地上的弹力球一样弹回来吗？找一个朋友跟你一起做下面的实验，做完你就知道答案了。

准备工作

- 一块能发出滴答声的手表
- 一本书
- 两个纸筒

跟我一起做

书和纸筒之间不要有距离。

1

将两个纸筒排成“八”字形放在桌子上，在纸筒后面立放一本书。

2 手里拿着手表靠在纸筒一端的开口，保持安静，听听是否有表的滴答声。

3 拿开立着的书，再听一次，能听到表的滴答声吗？

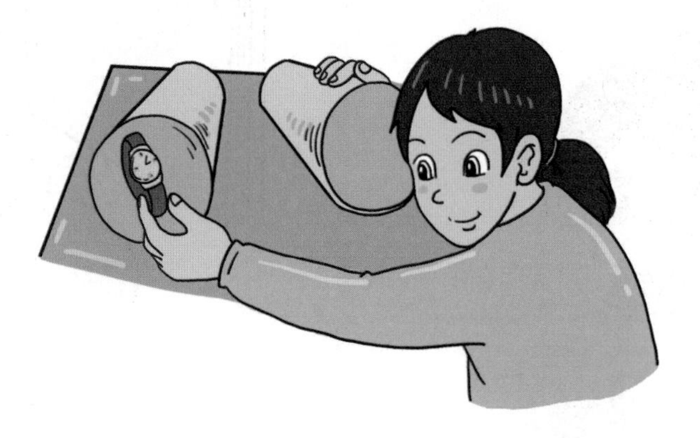

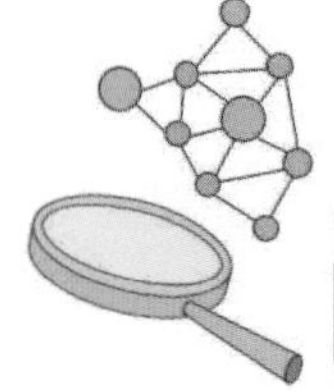

观察结果

看来把书
拿走之后就听
不到声音了。

第二步中，能听到表的滴答声。
第三步中，听不到表的滴答声了。

怪博士爷爷有话说

声音是以波的形式在空气中传播前进的。纸筒的开口前如果没有放书，表发出来的滴答声经过纸筒，就会从筒口传出去，向四面八方散开。因为声音的大小是由声波的能量决定的，能量越多，声音就越大，所以声音散发出去得越多，声波里所剩的能量就越少，耳朵就越难听到声音。如果在纸筒开口处立一本书，就可以把传向四面八方的声波挡住，并且把大部分的声波反射回来，有的反射声波会弹回另一个纸筒，然后传到耳朵里。声音传出去得越少，保留下来的能量就越多，听起来声音也就越大。

13. 振动的碗

振动的碗能发出声音吗？让我们一起跟随怪博士爷爷寻求答案吧。

准备工作

- 一个大玻璃瓶
- 一只碗
- 一根带橡皮的铅笔

跟我一起做

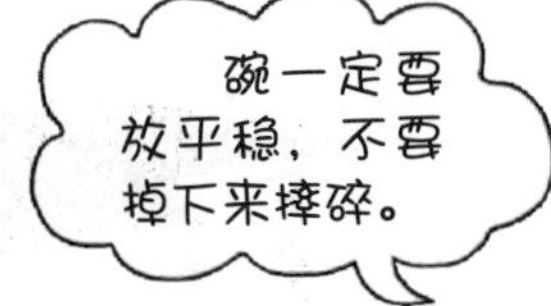

1. 将玻璃瓶放在桌子上。

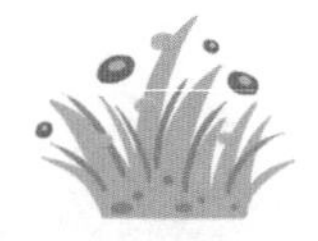

2. 将碗倒扣在瓶子上，并让它保持平衡。

3

将你的耳朵靠近碗，然后用铅笔带橡皮的那端敲击碗。

最好找你的小伙伴来完成敲击的动作。

4

再次敲击碗，但是这次要让你的小伙伴用手指捏住碗的边缘。

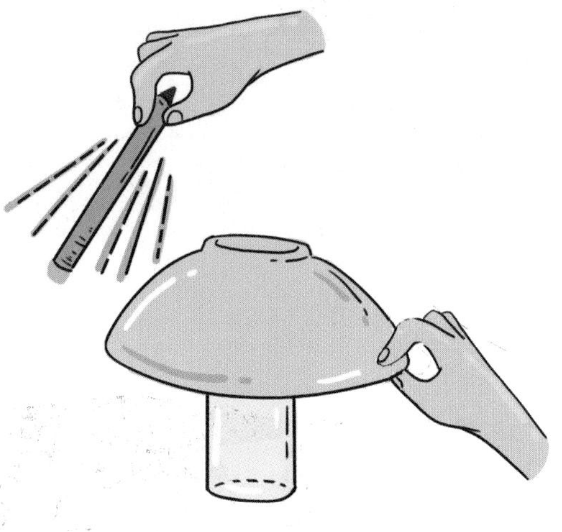

现在能听到什么声音吗？

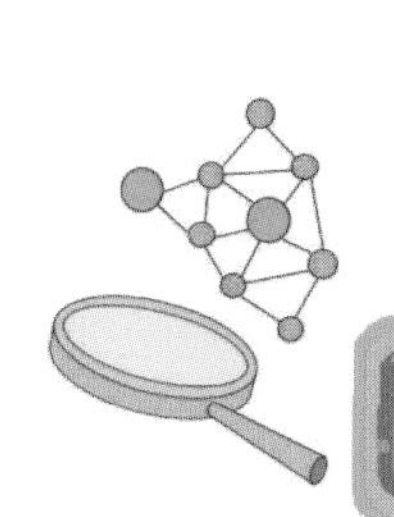

观察结果

第三步中，你会听到声音。

第四步中，你不会听到任何声音。

怪博士爷爷有话说

碗的振动导致了声音的产生。而用手指捏住碗的边缘时，碗就不会振动，也就不会有声音产生了。

14. 碗里的回声

碗里传出手表滴答滴答的响声，到底是哪个碗里发出的呢，为什么我分不清了？

准备工作

- 两只相同的碗
- 一块能发出滴答声的手表

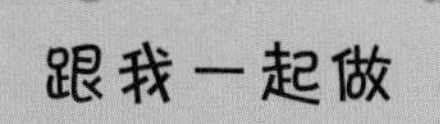

1 将一只碗放在桌子上，另一只罩在你的一只耳朵上。

碗不要太大，平时吃饭用的就可以。

2 将表放进桌子上的碗中，悬空提着，使表距离碗底大约 3 厘米远。

距离一定要掌握好，不要碰到碗底。

3 身体前倾，使罩着碗的这只耳朵刚好处在桌子上那只碗的正上方。

仔细聆听，有什么声音发出？

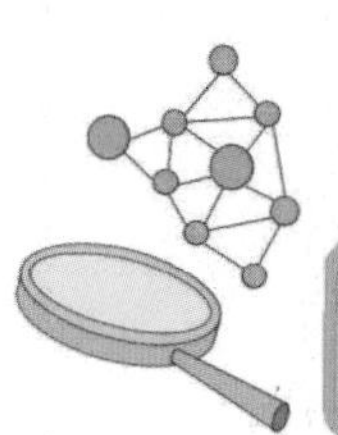

观察结果

你会听到，桌子上那只碗里的手表滴答滴答走动的声音好像从你耳边的这只碗里传出来。

怪博士爷爷有话说

这个实验跟回声有关，当声波遇到密度较大的平面时，就会发生反射。碗状物具有收集声波的作用，就好像凹面镜具有聚集光线的作用一样。实验中的两只碗帮助我们收集了手表所发出的滴答声。

15. 瓶子里的声音

瓶子里为什么会发出奇怪的声音？难道是有人对瓶子施了什么魔法？让我们一起来看看是怎么回事。

准备工作

- 一个瓶口较小的玻璃瓶
- 一块干布

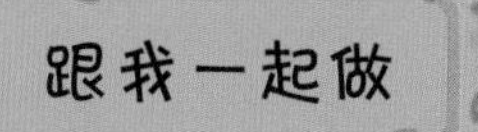

跟我一起做

将玻璃瓶清洗干净，用干布将瓶口擦干。

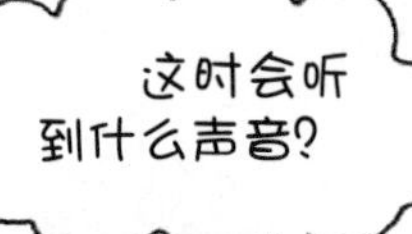

将嘴贴在瓶口边缘，对着瓶口吹气。

3 将嘴对准瓶口，使得瓶口和嘴呈封闭状态，再次向瓶子里吹气。

这时能听到声音吗?

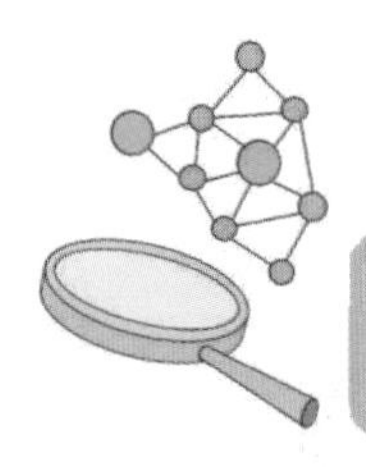

观察结果

第二步中，你会听到瓶子发出低沉的声音。
第三步中，你会听不到声音。

怪博士爷爷有话说

用嘴对着瓶口吹气，瓶内的空气受到挤压后，会不断从瓶口涌出。大量的空气经过窄小的瓶口时，就会引起瓶口周围空气的振动，并发出声音，这就是瓶子发声的秘密所在。如果嘴和瓶口形成一个封闭的空间，就不会出现这种效果了。

16. 看得到的声音

我们知道声音都是被听到的，怎么还能被看到呢？跟我一起做下面的实验，你就能找到答案了。

准备工作

- 一个气球
- 一根橡皮筋
- 一把剪刀
- 一面小镜子
- 一瓶胶水
- 一个空易拉罐

剪的时候要注意，不要被易拉罐锋利的边缘刮伤了！

跟我一起做

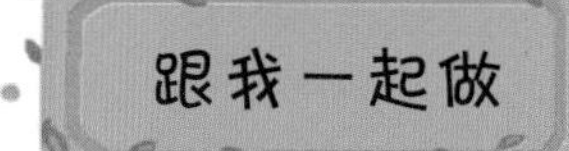

1 剪掉易拉罐的两端。

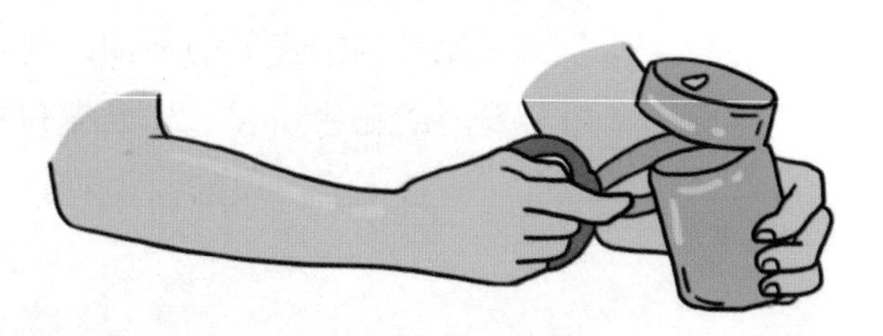

先将气球吹大，再将气球套在易拉罐的一端并用橡皮筋扎紧。

用胶水将镜子粘在气球上。

粘牢些，不要让镜子掉下来。

将做好的东西放在阳光能照射到镜子的地方，移动罐子，直到反射的光线投射到墙壁上。

对着罐子开口的一端说话，观察墙上光线的变化情况。

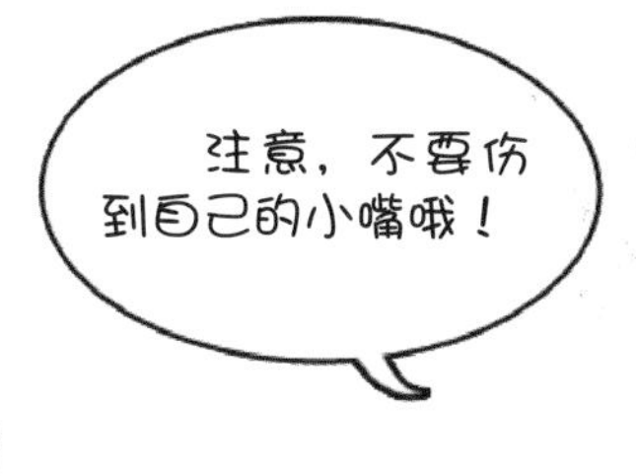

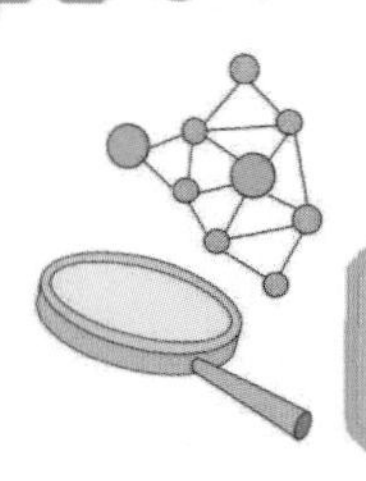

观察结果

观察墙上的光线，你会发现自己发出的声音使反射光线发生了位移。

怪博士爷爷有话说

声音是靠声波振动来传播的，由于罐子上的气球吸收了声波的振动后开始振动，进而引起反射器（也就是镜子）跟着发生了振动，因此造成了墙上反射光线的移动。

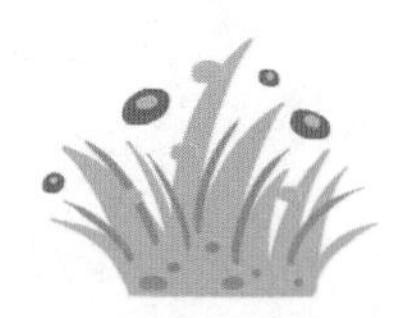

17. 消失的声音

收音机明明是打开的，为什么听不到声音了呢?

准备工作

- 收音机
- 垫子
- 泡沫塑料
- 橡胶
- 一把尺子
- 一把剪刀
- 几张纸板

跟我一起做

1 将需要测试的纸板、泡沫塑料、橡胶等材料剪开，使材料能覆盖住收音机喇叭，同时保证材料的厚度叠加到2厘米左右。

2 将收音机放到垫子上，借助垫子吸收收音机背面的杂音。将准备好的纸板放在收音机喇叭的上方，开始播音，渐渐减小收音机的音量。

3 调节音量直到听不到声音，记录此时音量旋钮上的数字。

4 使用泡沫塑料、橡胶等材料重复上面的做法，看看谁的吸声效果更好。

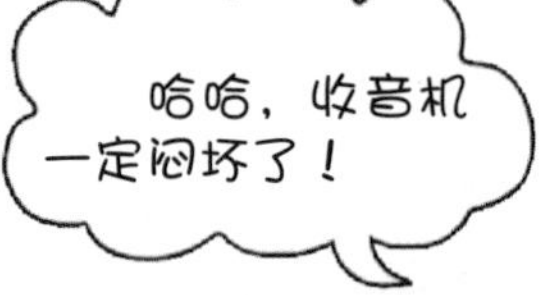

观察结果

通过比较，你会发现泡沫塑料和橡胶的吸声效果会好一些。

怪博士爷爷有话说

小朋友，你们知道吗？实验中用到的材料相当于一个消声器。消声器所用材料的密度越高，吸声效果越强。此外，柔软的材料比坚硬的材料吸声效果要好。实验中，泡沫塑料材质比较软，所以吸声效果比纸板好，而橡胶的密度比较高，也可以达到良好的吸声效果。

18. 危险的声音

有时候，物体发出的声音是危险的提示。如果我们能利用好这些声音，或许就能提高防患意识。

准备工作

- 一根细树枝
- 一个铁盒子
- 金属锡条

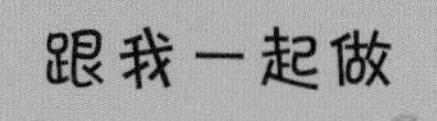

1

用力折断树枝，当它即将断裂时，会发出危险的提示，仔细听这种声音。

将铁盒子拿起来贴在耳边，用力地挤压盒盖，当盒盖被压弯时，耳朵会听到什么声音？

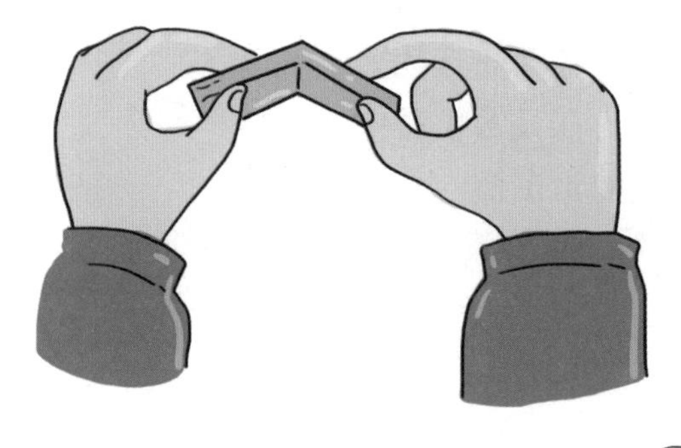

用手反复弯折金属锡条，你会听到什么声音？

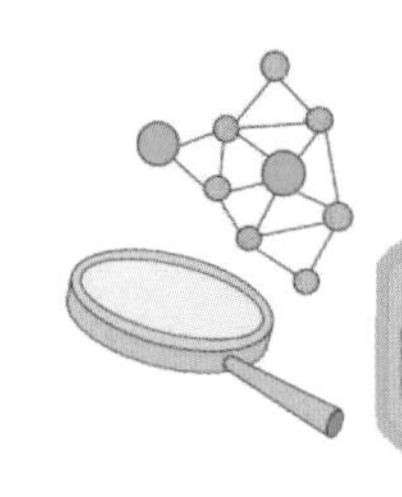

观察结果

这三种声音确实不同，但是都能提示出危险即将发生。

怪博士爷爷有话说

这种声音是由物体本身存在隐患的部位发出来的。记住这些声音，因为在日常生活中，这类声音很常见。例如，用木棍抬东西的时候，如果听见了“咯吱、咯吱”的声音，就意味着危险要来临了。

19. 陌生的声音

明明是自己的声音，为什么听起来却这样陌生呢？让我们一起来寻找答案吧！

准备工作

- 一部带录音功能的手机

跟我一起做

按下手机录音键，录下自己的声音，叫来自己的小伙伴一起听，你听到的声音和别人听到的声音一样吗？

可以多录几个小伙伴的声音，一起比较一下。

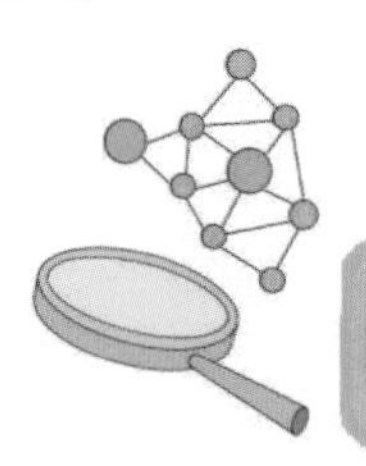

观察结果

为什么会这样呢?

你会感到听到的声音好像不是自己的声音，而小伙伴们却说是你的声音。

怪博士爷爷有话说

之所以听到自己的声音感到陌生，是因为我们听外界的声音，是通过耳朵感受的，空气的振动由耳膜传给听觉神经。而自己讲话的声音，主要是声带的振动通过颅骨传给听觉神经的。这样，音色不同，引起的声觉也就不同。平时，我们没有机会听到只通过空气传给耳朵的自己的声音，而手机录音记录的则是“空气中的声音”，所以，在听到自己的录音时，就会有陌生的感觉，而别人则不会有这样的感觉。

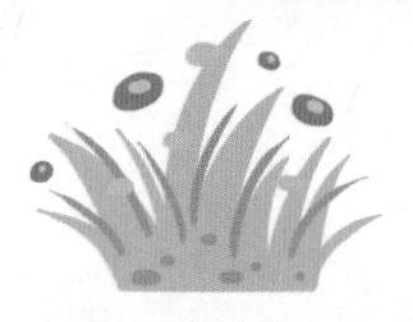
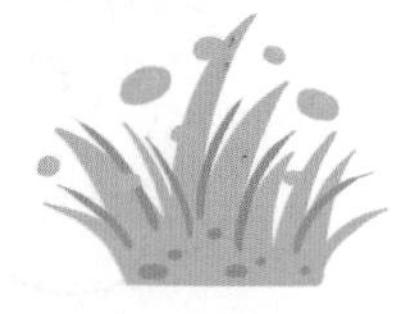

20. 能记录下来的声音

你知道吗？物体振动时是有一定的轨迹的，我们可以通过下面的实验来记录它的轨迹。

准备工作

- 三块砖
- 一根锯条
- 一支毛笔
- 一张白纸
- 一根长木条
- 一瓶胶水
- 墨汁

跟我一起做

把三块砖叠放在桌面上。

将锯条压在其中一块砖的下面，锯条的一端绑上一支蘸有墨汁的毛笔。

先将白纸贴在长木条上，再将木条从侧面贴近砖堆，使毛笔尖正好碰到白纸。

可以请爸爸妈妈帮忙哦！

拨动锯条使它振动起来，然后再向右移动木条，这样一个简单的绘声器就做好了。快来试试看，它是怎样记录声音的？

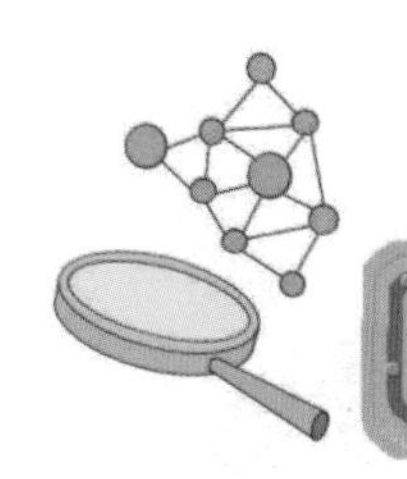

观察结果

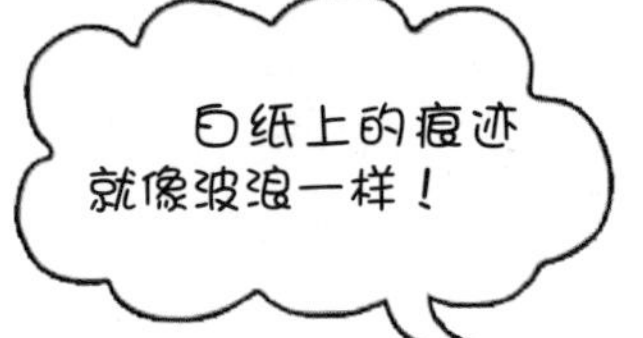

白纸上的痕迹就像波浪一样！

你会看到，毛笔在白纸上留下痕迹。

怪博士爷爷有话说

锯条在外力的作用下会产生振动，这种振动会传递给跟锯条绑在一起的毛笔，毛笔在振动时，会在白纸上留下痕迹，这个痕迹就是锯条振动时产生的波形轨迹。爱迪生发明的留声机，利用的就是这个原理。

21. 谁在重复我说的话

站在山顶，对着山谷大喊一声“我来了”，一会儿山谷传来一模一样的声音，这是怎么回事呢？

准备工作

- 背包
- 绳索

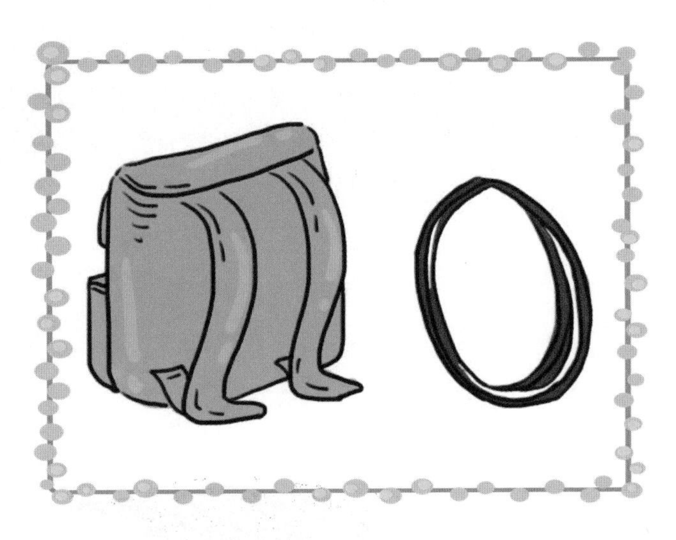

跟我一起做

站在山顶上，对着谷底大声喊出你想说的话。

安全起见，最好是跟爸爸妈妈一起去爬山。

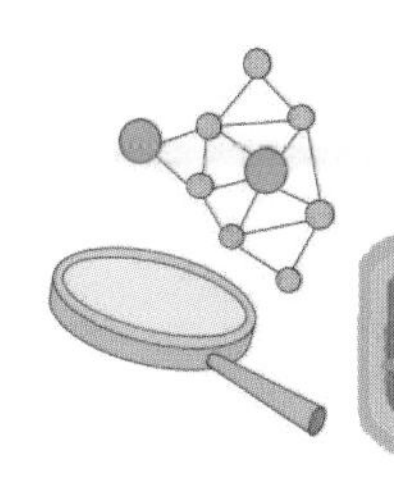

观察结果

山对面难道也有人吗？

没过多久，远处山峦传来悠远的回声。

怪博士爷爷有话说

我们发出的声音碰到障碍物时，一般就会发生反弹，于是我们能听到悠远的回声。在空旷的地方，回声会比较模糊，因为声音的振动向四处散开，能量就会消失，如果在谷底这样相对封闭的空间里，回声就会比较明显。

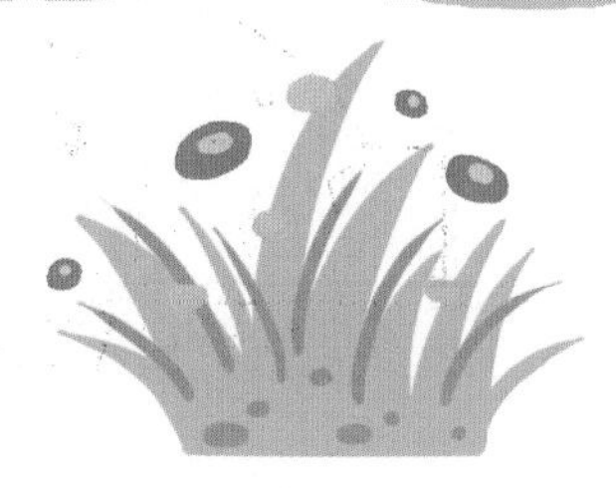

22. 拱桥下的回声

小朋友们有没有在拱桥下游玩的经历，如果在拱桥下大声说话，会有什么不同呢？

准备工作

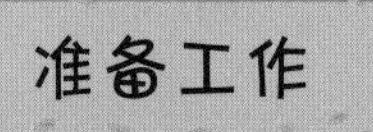

- 一座拱桥

跟我一起做

1 在拱桥下，紧挨着桥墩站立，拍一次手，会听到什么声音？

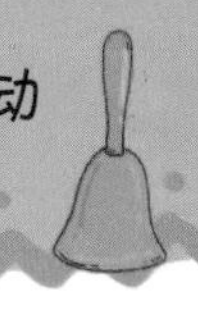

选择一个宁静的清晨，和你的小伙伴来到拱桥下小声地说话，你会听到什么？

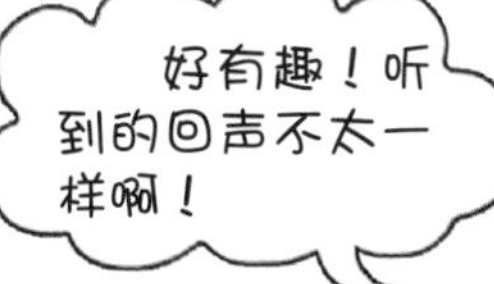

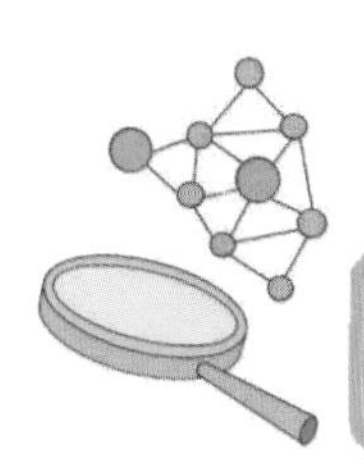

观察结果

第一步中，你可以听到多次回声。

第二步中，你会听到两次清晰的回声。

怪博士爷爷有话说

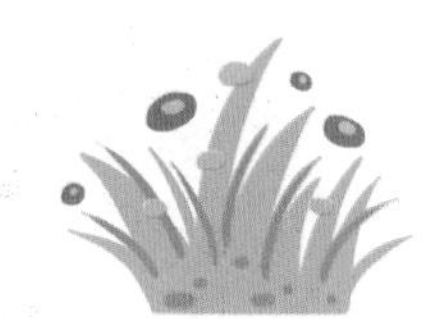

在这个实验中，小朋友们可以了解到从声源发出来的频率较高的声音，紧挨桥拱的内表面从一端到另一端**往返传播**。于是，站在水泥墩子旁就可以听到几次回声。又由于声音的多重反射，所以回声听起来非常清晰。

如果不是站在桥墩旁边，而是站在桥下离桥墩较远的地方，也可以听到多次回声，这是由声音的**绕射**和反射造成的。

23. 会变化的音调

我们知道音调有高有低，怎么在实验中体现出来呢？下面的小实验就能做到。

准备工作

- 三个相同大小的大可乐瓶
- 三个相同大小的杯子
- 一根筷子
- 水

跟我一起做

1 向三个大可乐瓶中分别装入不同质量的水，然后用嘴对着装有较少、中等和较多水的大可乐瓶瓶口依次吹气，聆听大可乐瓶发出的声音。

再向三个杯子中装入不同质量的水，然后用筷子依次敲击装水较少、中等和较多的杯子，聆听杯子发出的声音。

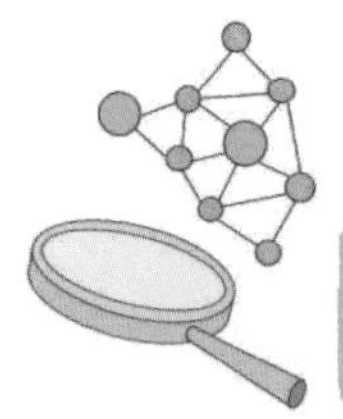

观察结果

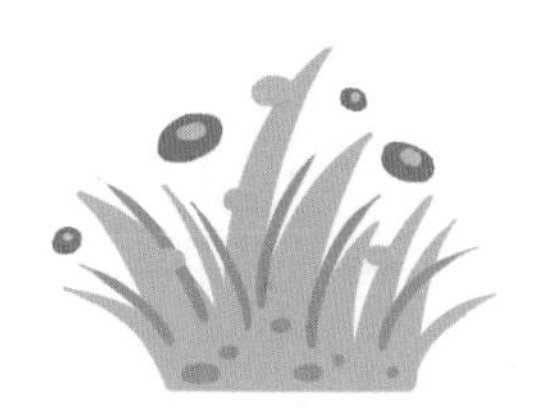

第一步中，你会听到瓶子依次发出低、中、高的声音。
第二步中，你会听到杯子依次发出高、中、低的声音。

声音真好听，感觉自己成了小小音乐家！
可是，为什么瓶子和杯子发出声音高低的顺序不一样呢？

怪博士爷爷有话说

往大可乐瓶瓶口吹气时所发出的声音，是由水面上方的空气共鸣所致。当瓶中的空气所占空间较大时，会产生低音共鸣；空气所占空间较小时，会产生高音共鸣。因此，随着水量的增多，可以依次吹出低、中、高的音调。

而用筷子敲击杯子时，是杯子整体振动产生了声音，这种声音会与杯中的空气产生共鸣。当杯子中的水较多时，杯子整体的振动变慢，因此音调比较低。相反，杯子中的水较少时，音调就会比较高。随着杯子中的水量逐渐增多，筷子就能依次敲出高、中、低的音调。

24. 气球扩音器

我们知道喇叭通常会让声音变大，如果手头没有喇叭，怎么才能让声音放大呢？方法很简单，用气球你就能做到。

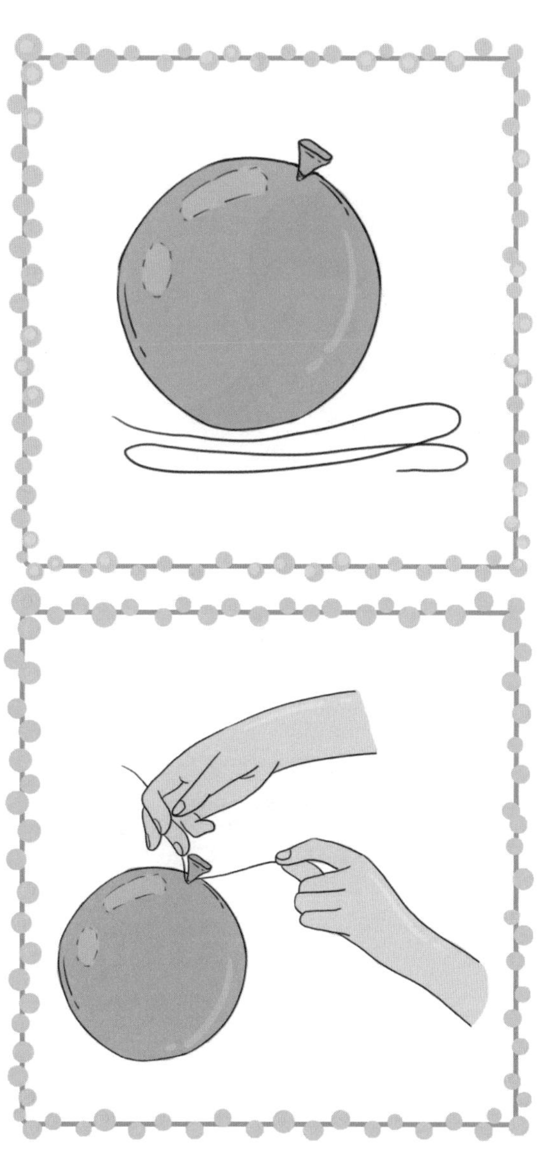

准备工作

- 一个气球
- 一根细线

跟我一起做

1 吹好气球，用细线将气球的吹口处绑紧。

将气球放在胸前，轻轻敲击气球，听它发出的声音，并记住声音的大小。

动作要轻缓，不要弄破气球。

让气球靠近耳朵，用同样的力气轻轻敲动气球的另外一边，你会发现什么现象？

观察结果

你会发现，你听到的声音比上次敲击的声音要大。

怪博士爷爷有话说

这个实验涉及了声音传播速度与介质密度的关系。当你吹气球的时候，你的肺把许多空气压进了气球，因此气球里的空气密度比气球外面的空气密度要大，所以里面的空气比外面的传声效果要好。当我们靠近气球时听到的声音，要比耳朵离开气球时听到的声音大。

25. 桌子助听器

助听器是一种帮助听力残弱者改善听力，从而提高语言交往能力的一种扩音装置。其实在我们的日常生活中，能够找到非常简单的助听器，下面就让我们一起来试试看吧！

准备工作

- 一块能发出滴答声的手表
- 一张木质桌子

跟我一起做

1 将手表放在桌子的一端。

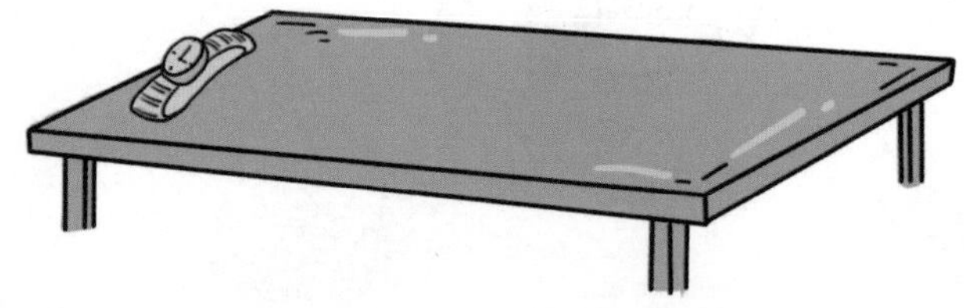

保持房间安静，坐在远离手表的桌子的一端，堵住自己的一只耳朵，另一只耳朵贴在桌面上。

好像有谁在敲桌子！

仔细听，会传出什么声音？

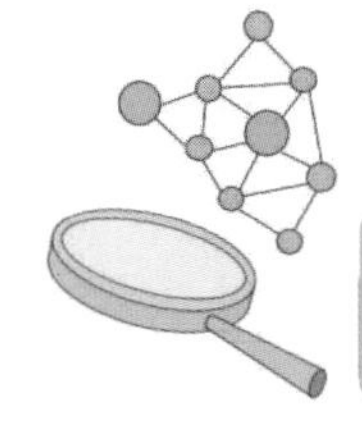

观察结果

你会清楚地听到手表发出来的滴答滴答的声音。

怪博士爷爷有话说

这个实验跟声音的传播有关。小朋友们能清楚地听到手表发出的声音，是因为木头比空气更适于传播声音。同样的声音在空气中传播会遇到比较多的阻碍，所以透过木质桌子听到的声音要远比在空气中听到的大。也正是因为如此，许多在空气中听不到的声音，你可以透过固体介质听到。

26. 小小传声筒

和你的小伙伴一起做个小小的传声筒，将传声筒放在耳边，让你的小伙伴在离你较远的地方小声说话，看你能否听清楚。

准备工作

- 一张硬纸
- 一卷胶带
- 一把剪刀

传声筒做起来还是很容易的嘛！

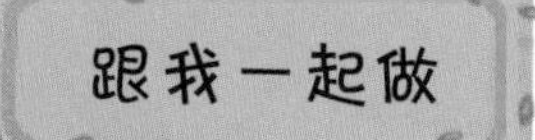

跟我一起做

1 按餐盘的大小，将硬纸剪成一个圆形，再将这个圆形一分为二。将其中的一半卷成一个锥形，用胶带粘住。尖头朝下，得到一个传声筒。

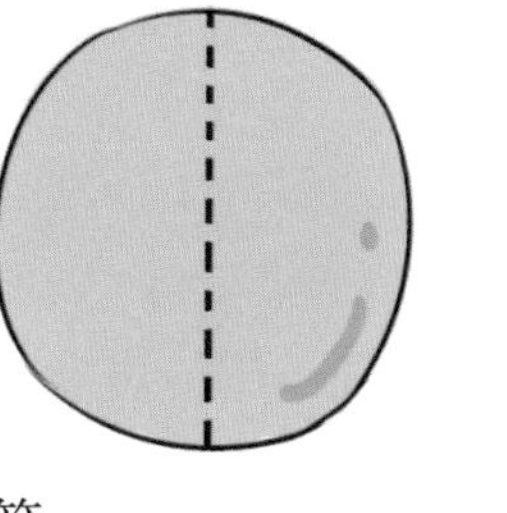

先不用传声筒，听一听小伙伴在离你较远的地方小声说话。

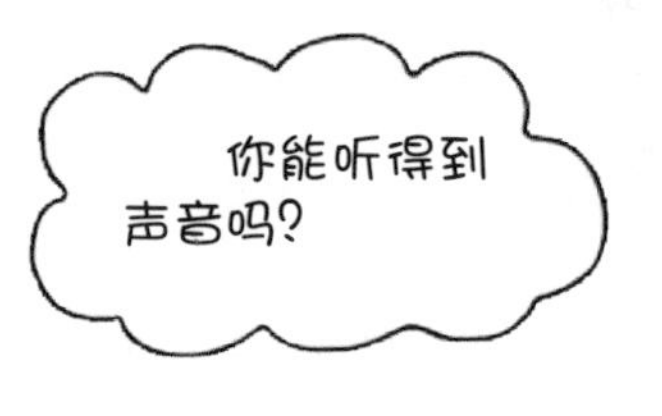

你能听得到声音吗?

3

将传声筒的小口放在耳朵上，大口对准声源，仔细地听。看看通过传声筒是不是听得更清楚?

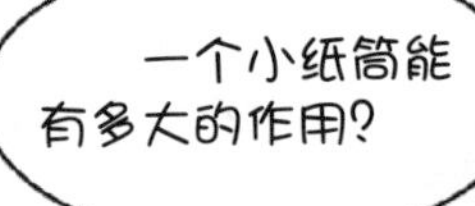

一个小纸筒能有多大的作用?

4

和你的小伙伴互换角色，你说话他来听，看看结果一样吗?

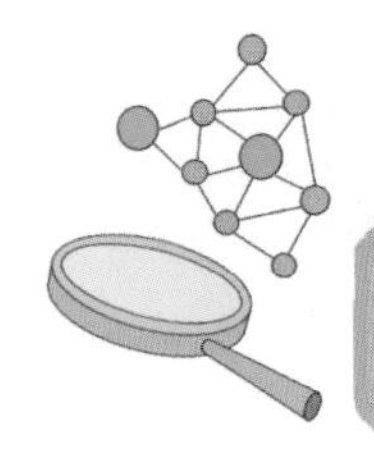

观察结果

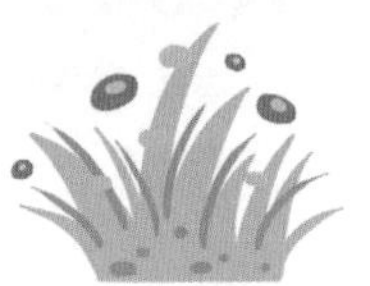

你会发现，用传声筒以后，听得更清晰了。

怪博士爷爷有话说

在实际生活中，我们可以看到听觉敏锐的动物，比如狐狸，长着能接听或能转向的大耳朵。耳朵能被人看见的部分叫作**耳廓**，它是用来聚集声音的。而在这里，传声筒的效果就是扩大你的耳廓，一般情况下，耳廓越大，听力就越好。

27. 声音在固体中传播

贴着杯子所听到的声音比平时听到的要响得多。

准备工作

- 一个干净的塑料杯
- 一根橡皮筋

跟我一起做

1 将橡皮筋撑开，刚好绷住杯子。

橡皮筋的弹力要大，不然会断掉。

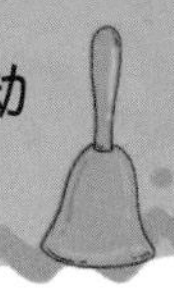

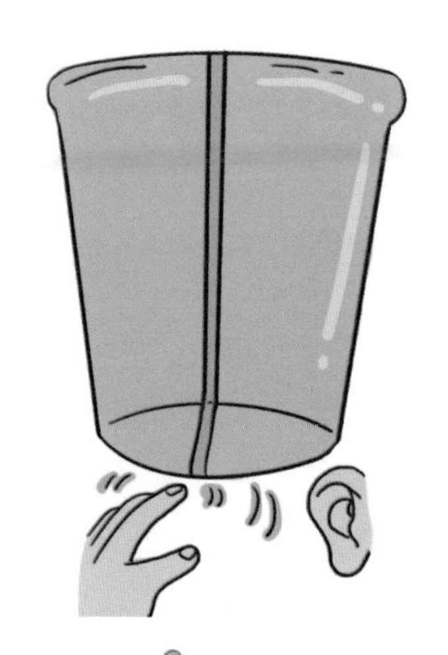

耳朵贴近杯底，轻轻地拨动绷紧的橡皮筋。

拨动橡皮筋的时候不要太用力，小心将橡皮筋弄断。

观察结果

你会听到，橡皮筋发出的声音听起来特别响。

怪博士爷爷有话说

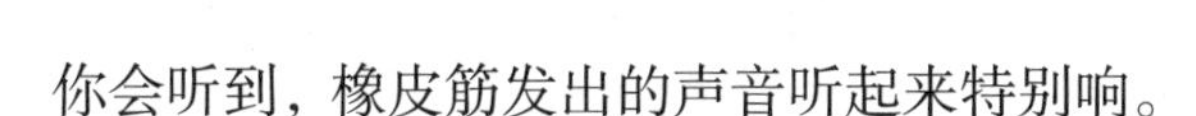

声音是因为物体振动而产生的。当物体前后振动时，物体会撞击空气和其他靠近它的物体。当振动在空气中开始传播时，围绕着你的空气就会将振动传到你的耳膜，这时你才能听到声音。振动波在气体中的运动比在固体或液体中要慢得多。拨动橡皮筋，会使橡皮筋附近的空气开始振动，但是你听到的响声是由硬的塑料杯将振动波传递到你的耳朵里的。

28. 声音在液体中传播

你们试过在气球里装满水来听声音吗？装水的多少对声音会产生影响吗？快来跟我一起试试吧！

准备工作

- 两个气球
- 一张桌子
- 细线
- 水

跟我一起做

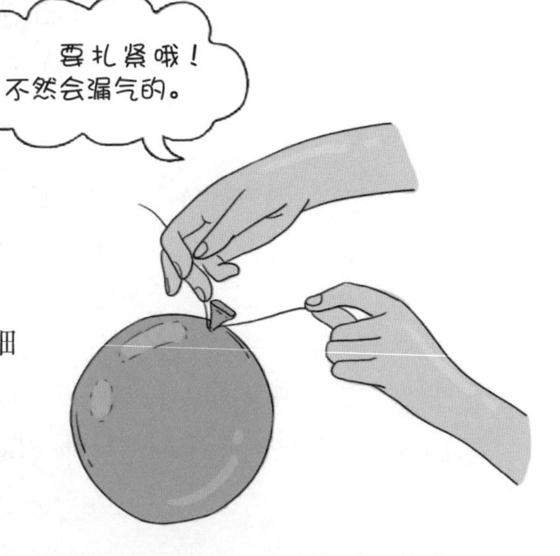

吹一个气球，用细线将气球口扎好。

将第二个气球的吹嘴套进水龙头，慢慢加入水。当这个气球的大小跟第一个气球差不多时，停止加水，用细线将口扎好。

加水时，水龙头里的水流放得小一点，动作要轻缓。

将两个气球放在桌子上，用手指弹扣桌面。用耳朵贴着两个气球仔细倾听弹扣声，有什么区别？

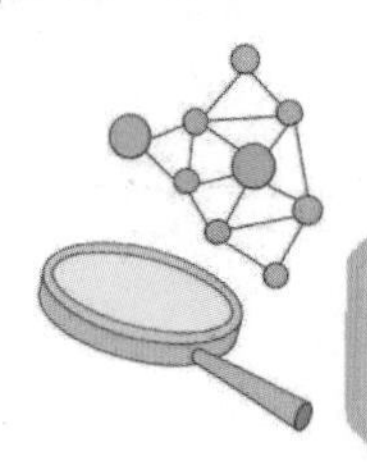

观察结果

水比空气更容易传声呢！

你会发现，装满水的气球能传出比较清晰的声音。

怪博士爷爷有话说

声音能传到我们的耳朵里，是因为我们周围的空气受到了声波的振动。空气中含有很多微细的粒子即分子，分子与分子之间隔着一定的距离。由于水分子之间相隔的距离比较小，因此它们传送声波的振动要容易得多，所以你透过装满水的气球听到的声音就更清晰。

29. 水里的声音

声音在空气中和在水中传播有什么区别吗？一起来做下面的实验，你就清楚了。

准备工作

- 两块石头
- 两块小木块
- 两个罐头盒
- 水

跟我一起做

分别碰撞两块石头、两块小木块和两个罐头盒，仔细听它们发出的声音。

将上述物品放到水盆里，再听它们碰撞时发出的声音。

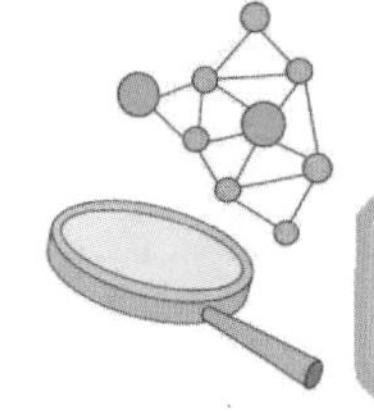

观察结果

你会发现，把它们浸在水里碰撞时发出的声音更清楚、更大。

怪博士爷爷有话说

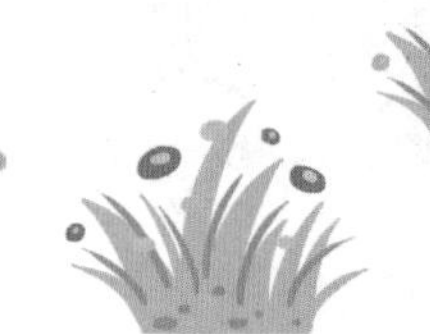

液体传播声音比空气快得多。水中声音传播速度为在空气中声音传播速度的四倍。你注意过吗？潮湿的天气比晴朗干燥的天气声音显得响一些。

30. 会唱歌的玻璃杯

你听说过玻璃杯会唱歌吗？下面这个实验就带你聆听玻璃杯唱出的美妙歌声。

准备工作

- 两个杯壁较薄的玻璃杯
- 一张桌子
- 一块香皂
- 一瓶洗洁精

跟我一起做

1 先用洗洁精将两个玻璃杯清洗干净，不留一点油脂。然后将洗干净的杯子并排放在面前的桌子上。

再用香皂洗干净双手，用潮湿的手指在其中一个玻璃杯的杯壁上轻轻地摩擦几下。

当手指在玻璃杯的杯壁上轻轻滑动的时候，你会有什么发现？

爸爸的红酒杯好神奇哦！居然会发出声音！

观察结果

你的手指会感到有节奏的颤动，同时会听到玻璃杯唱出优美的“歌声”，更奇妙的是另一个玻璃杯竟然也会自动地跟着唱起来。

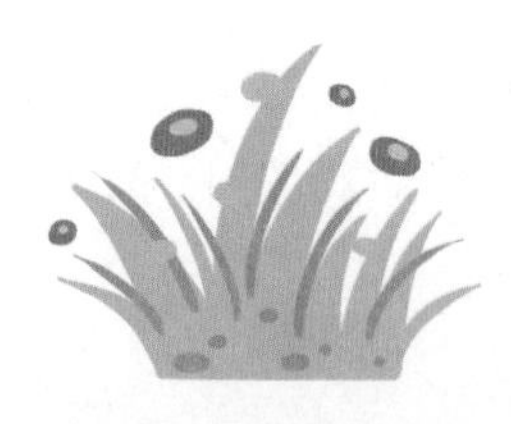

怪博士爷爷有话说

当你用潮湿的手指在玻璃杯的杯壁上轻轻滑动的时候，手指会有轻微地颤动。就会对杯壁进行轻微的有节奏地敲击，玻璃杯的颤动产生了声波，你就能听到玻璃杯唱歌了。当第一个玻璃杯产生的声音在空气中传播遇到第二个玻璃杯时，就会引起第二个玻璃杯的振动，它所产生的声波就是你所听到的第二个玻璃杯的“跟唱现象”。

31. 高脚杯音乐会

小朋友，你们能想象得到简单的高脚杯也可以变身成为一组乐器吗？跟我们一起做做看。

准备工作

- 七个高脚玻璃杯
- 一支滴管
- 一根筷子
- 水

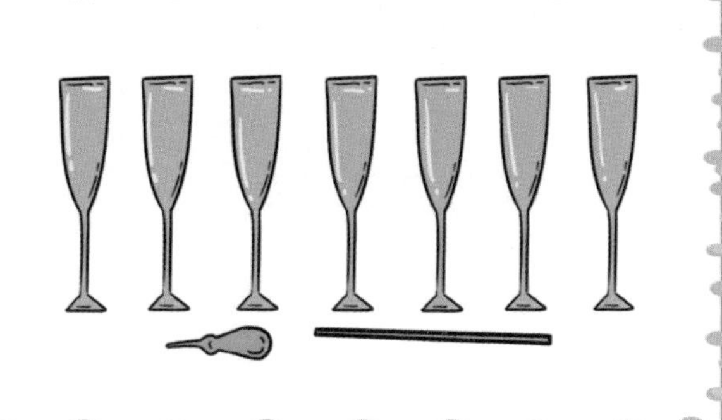

跟我一起做

真想快点知道高脚杯会变出什么魔法！

1 把八个大小相同的高脚杯并排放在桌子上。

把最左边的空杯子作为最高音 Do，然后从左向右依次向杯子里面加水调音，音阶分别为 Do、Re、Me、Fa、Sol、La、Si。音阶越低，向杯中加入的水就越多。

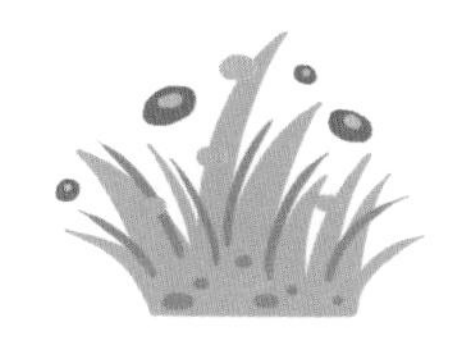

为了让音阶更准确，建议用滴管向杯子内加水。

3

调好音后，用筷子敲打杯子，聆听杯子发出的声音。

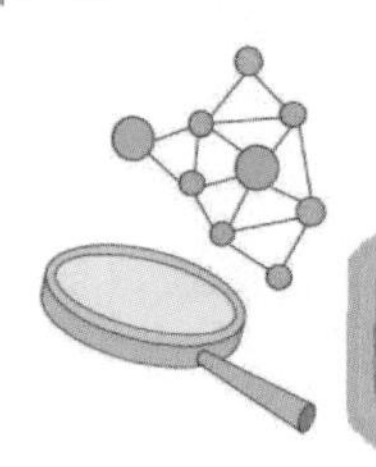

观察结果

乐曲非常动听，可是原理是什么呢？

你会发现，简单的高脚杯也能够弹奏出动听的乐曲。

怪博士爷爷有话说

这是一个关于声音振动频率与音调的实验。声音振动的频率与物质的质量有关。物质的质量越大，发出的音调越低；反之，物质的质量越小，发出的音调越高。因此，杯子中水最少的那个杯子发出的音调最高，杯子中水最多的那个杯子发出的音调最低。只要适当地调节高低音，就可以奏出悦耳的乐曲。

32. 小木棍变身节奏棒

想不到平时不起眼的小木棍也能变身节奏棒？快跟随我们一起做下面的实验吧！

准备工作

- 两根树枝
- 一团彩绳
- 一支画笔
- 一个调色盘
- 一把剪刀
- 白色、红色、绿色和黄色的颜料各一瓶

跟我一起做

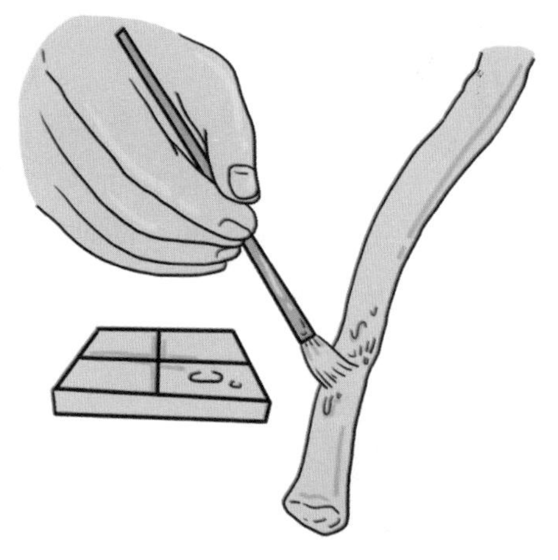

1 去掉树枝上的树叶并剥去树皮，将它们涂成白色，然后晾干。

2

在白色的颜料层上涂上装饰性的红绿斑点。斑点要大小均匀。

斑点的大小、位置、密度可以根据自己的喜好来定。

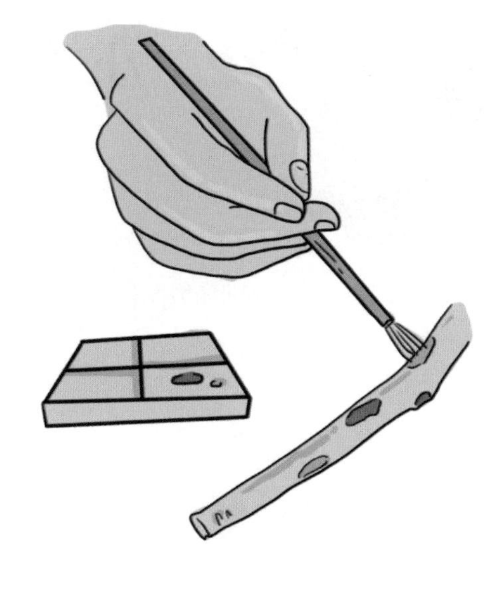

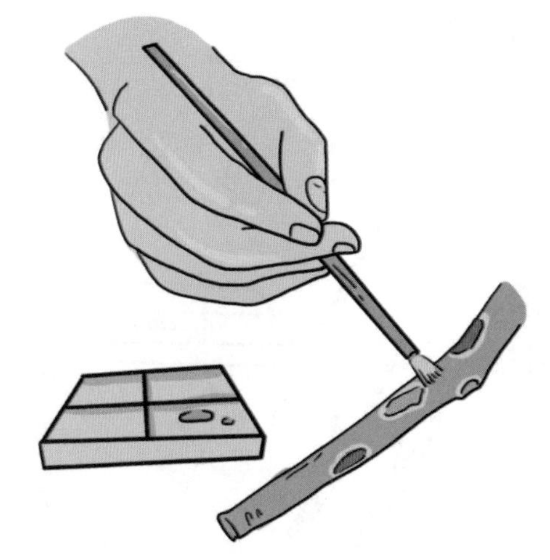

3

当斑点干燥后，用黄色颜料填充斑点间的空隙。在圆点周围留一小圈白色。

绳子的末端要扎紧，防止它们松脱。

4

剪两段长的彩色绳子。每根棍子后端系上一根。在棍子后端一圈一圈地绕上绳子，制成手柄。

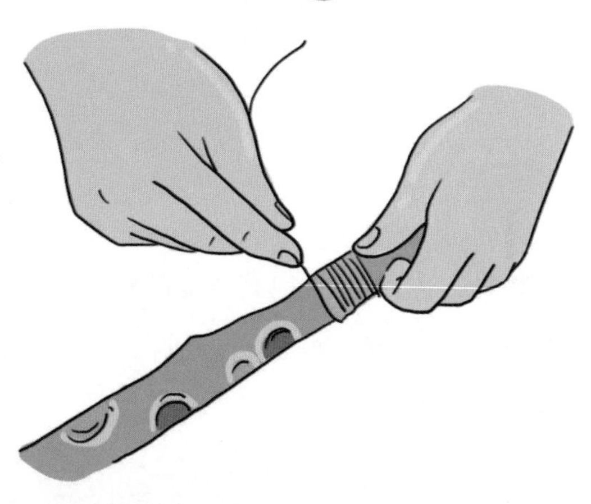

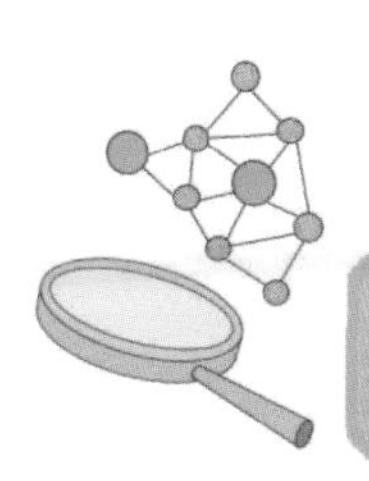

观察结果

粗细不同，质地各异的树枝发出的声音也不相同。

怪博士爷爷有话说

为什么会出现上面实验中的情况呢？这是因为树枝的长短、粗细和质地对声音都有影响，所以才会听到不同的声音。

33. 餐叉也能发声

小朋友，你们知道怎样让餐叉发声吗？下面的实验能帮助你做到，快来试试吧！

准备工作

- 一米长的细线
- 一把餐叉
- 一只碗
- 一根带橡皮的铅笔

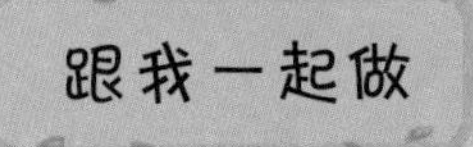

跟我一起做

1 将细线的一头系在餐叉上，拉起细线，让餐叉悬在空中。

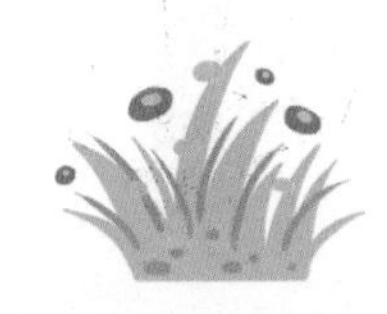

用铅笔敲击碗，同时，放低细线，让餐叉的叉尖轻轻地触碰碗的外侧。

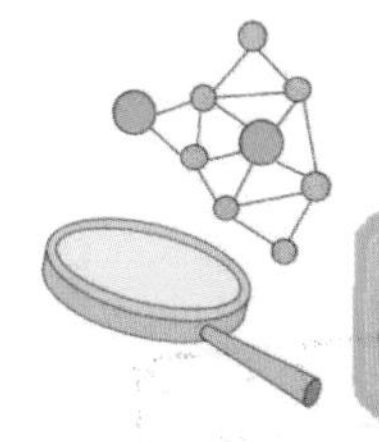

观察结果

当餐叉触碰到碗的时候，餐叉的叉尖开始振动。如果你在这时将耳朵贴在餐叉的叉尖上，你很可能听到声音。

如果你是跟小伙伴一起做实验，可以让他敲击碗，而你则将耳朵贴在细线上，这样你就能听到清晰的声音了。

怪博士爷爷有话说

餐叉的叉尖随着碗的振动而振动，并因此而发声，这种现象称为共鸣。而细线有助于声音的传导，所以你能听到的声音更清晰了。

34. 简易麦克风

你们想知道麦克风是怎么放大声音的吗？下面就为大家揭开麦克风扩音的秘密。

准备工作

- 一张厚纸板
- 一个硬纸盒
- 一个纸杯
- 一根棉线
- 一卷胶带
- 一根火柴棒
- 一把剪刀
- 一把小刀
- 一根铅笔

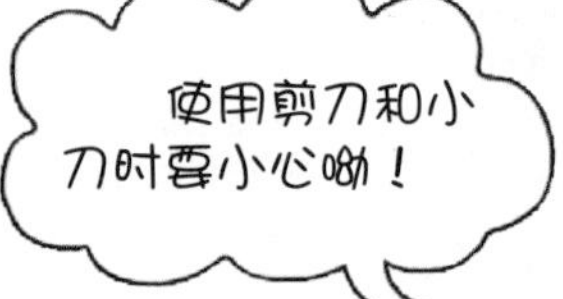

跟我一起做

1 将一个纸杯切掉一半，留下有底的部分。将棉线从底部中心穿过，然后用火柴棒将棉线固定住。

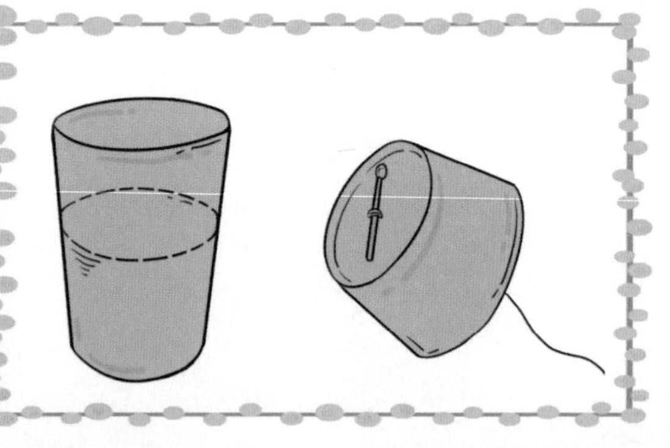

2

将厚纸板剪成长方形，在中心位置上画一个以纸杯口直径为边长的正方形。剪开四角，做成喇叭。

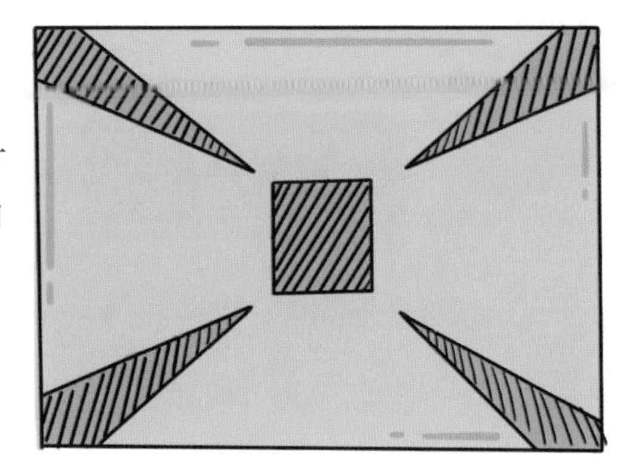

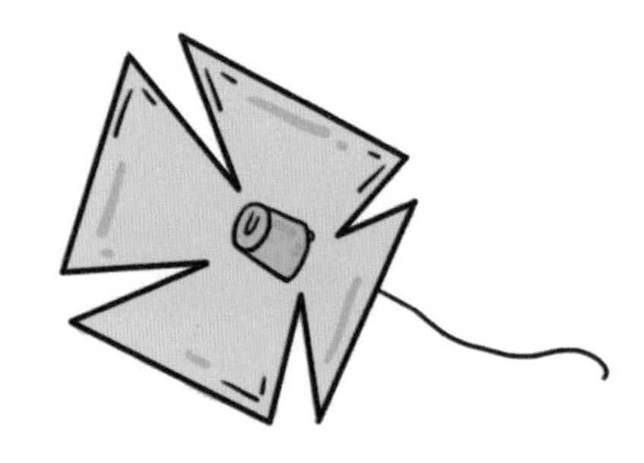

将第一步中做好的纸杯倒扣在喇叭中间正方形的位置上，用胶带固定好。再将棉线穿过厚纸板。

4

将喇叭装进硬纸盒里，棉线穿过硬纸盒，然后将穿出的棉线穿过另一个纸杯。

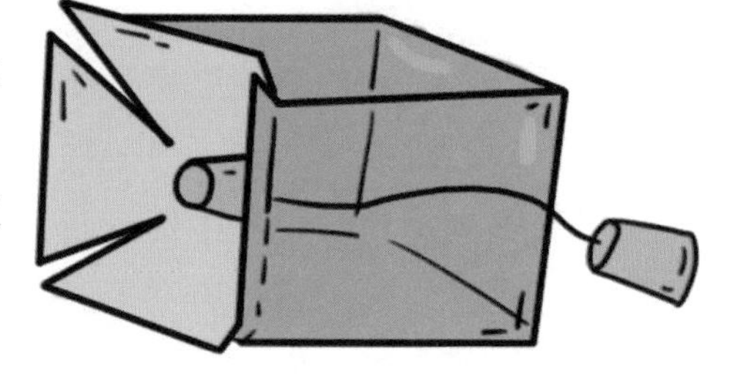

简易麦克风做好了，赶紧来试一试吧！

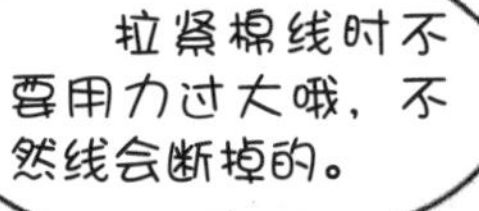

拉紧棉线时不要用力过大哦，不然线会断掉的。

拉紧棉线，对着纸杯说话，聆听声音的变化。

观察结果

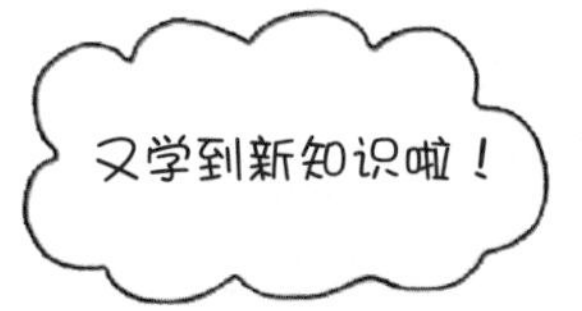

你会听到声音明显变大了。

怪博士爷爷有话说

我们对着纸杯说话时，声波聚集在纸杯中，透过棉线传送到了另一端。由于声音在固体中的传播速度比在空气中快，而硬纸盒周围竖起的边缘有聚声作用，所以声音不但不会扩散，反而会产生音量扩大的效果。

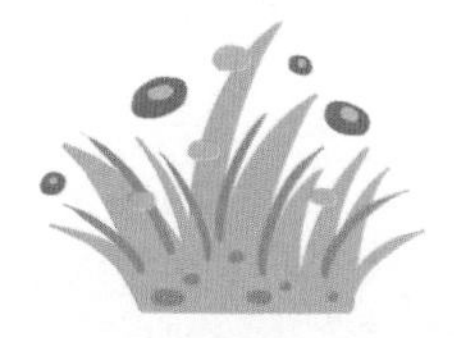

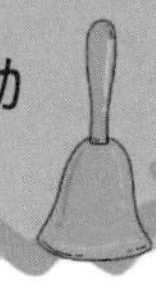

35. 吸管乐器

准备工作

- 几根长吸管
- 一把直尺
- 一支笔
- 一把剪刀
- 一卷胶带

跟我一起做

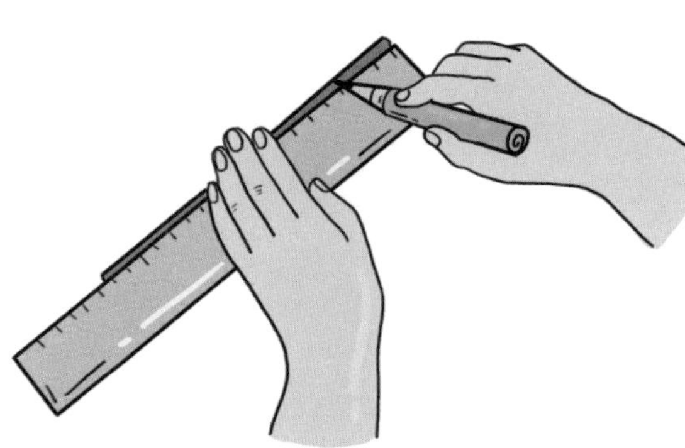

1 用尺在吸管的一端量出 3 厘米的长度，用笔做出标记，将量出的 3 厘米的吸管剪下来。

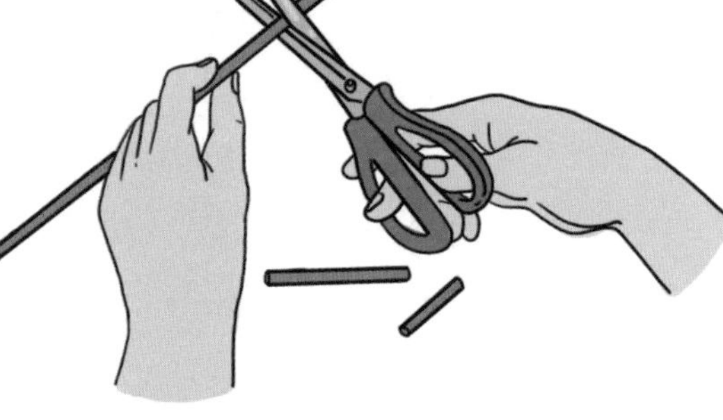

2 重复第一步，将吸管剪成需要的长度，每一根吸管比上一根长 3 厘米，一共剪出 7 根不同长度的吸管。

3 将吸管由长到短排列起来，一端对齐，用胶带粘在一起。试着吹奏，聆听比较吸管发出的声音。

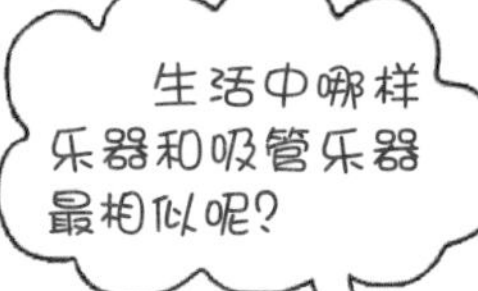

生活中哪样乐器和吸管乐器最相似呢?

观察结果

你可以发现，短的吸管发出的声音高于长的吸管。

怪博士爷爷有话说

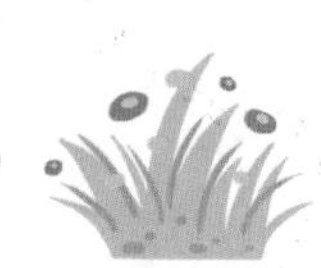

当我们吹奏吸管风琴时，嘴里的气流会使吸管中的空气振动，产生驻波。吸管越长，产生的驻波就越长，波的频率就越低，发出的音调也就越低；反之，吸管越短，驻波越短，波的频率越高，音调也就越高。

36. 制作纸笛

有的小朋友尝试过用麦秆做成“麦笛”来吹。木匠刨木板时刨下薄薄的“刨花”，小朋友也常常用来做成一种“哨子”。下面的实验就是用纸做一个“纸笛”。

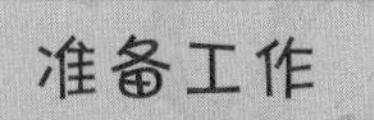

- 一张旧报纸
- 一瓶胶水

跟我一起做

1. 将旧报纸裁成边长为10厘米的正方形。

2. 拿一支圆铅笔，放在一个纸角上，纸角外抹上一点胶水，然后沿着对角线，将纸片卷在铅笔上，最后在另一个纸角内抹些胶水，粘好外面纸角后抽出铅笔，做成小纸筒。

用剪刀把它的一端剪平并适当压扁。

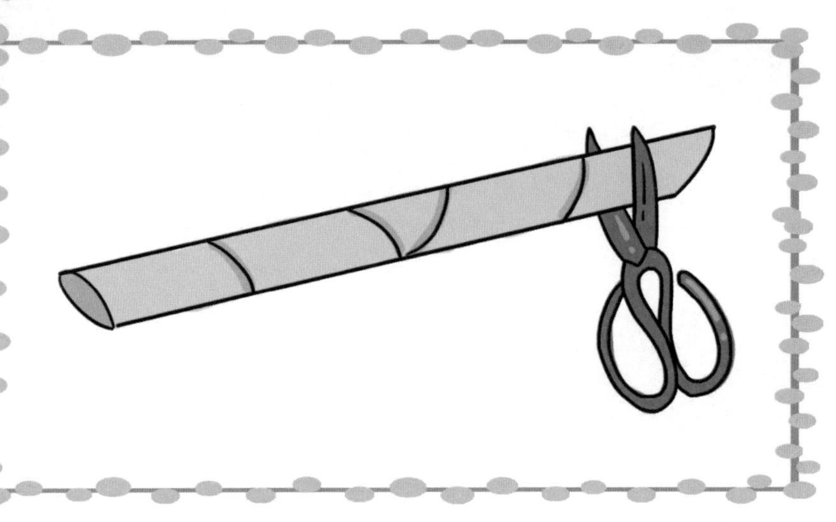

将压扁的一端放在嘴巴中轻轻吹，有声音传出来吗？

试试看可不可以吹出一首流畅的曲子呢？

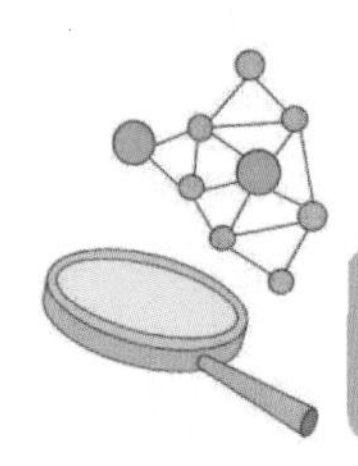

观察结果

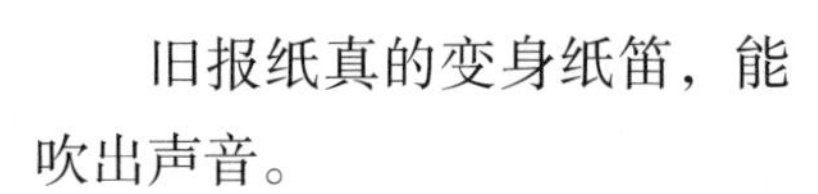

旧报纸真的变身纸笛，能吹出声音。

怪博士爷爷有话说

在实验过程中，纸笛的另一端也可以剪去一些。几次实验之后，你会发现，当纸笛的长短、粗细不同时所发声音音调高低是不同的。纸笛粗长时，发出声音的音调要低些，细短时音调要高些。这是因为声音是由纸笛以及纸笛里面的空气的振动产生的。音调的高低取决于纸笛的长度，纸笛中振动的空气柱越长，发出的声音的音调就越低，反之亦然。

37. 塑料盒变乐器

将塑料盒剪一个缺口，再贴上吸管，就可以吹出像笛子一样的音乐了。

准备工作

- 一个塑料盒
- 一把剪刀
- 一卷透明胶带
- 一根吸管

跟我一起做

1 在塑料盒的侧面剪一个缺口，宽度大约是吸管的一半，长度大约是塑料盒高度的一半。

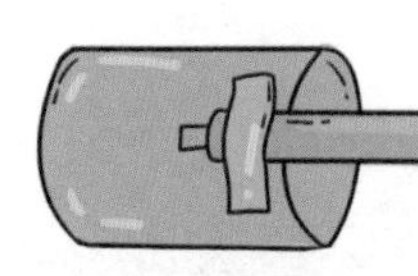

2 将吸管前端稍微压扁，然后插入塑料盒的缺口大约一半的位置，并用透明胶带在塑料盒外侧加以固定。

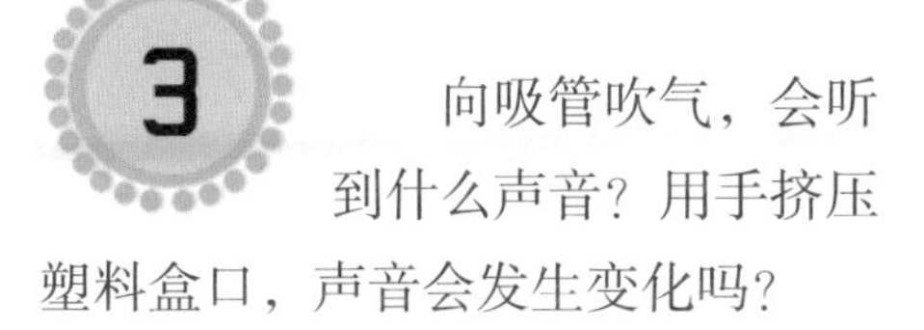

向吸管吹气，会听到什么声音？用手挤压塑料盒口，声音会发生变化吗？

吹气时不要一次用力过大，缓慢进行。

如果没有发出声音，就将吸管前端再压扁一点，同时再调整下位置。

观察结果

向吸管吹气，就会发出“哔哔”的声音。用手挤压塑料盒口，就能改变音调的高低。

怪博士爷爷有话说

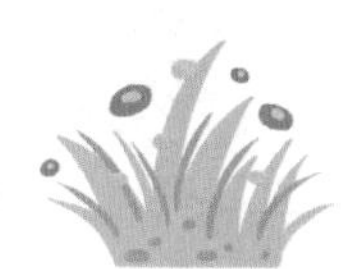

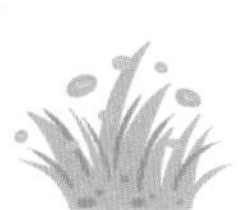

吸管之所以会发出“哔哔”的声音，是因为吸管前端吹出的气流撞击到塑料盒的内壁和底部时产生了旋涡，气流旋涡发出的声音在塑料盒中产生了共鸣。

用手挤压塑料盒口，就改变了共鸣腔的形状，从而产生不同的共鸣方式，声调的高低也会随之改变。

38. 你也能做调音师

在吉他、大提琴、小提琴等弦乐器上，装着长短、粗细各不相同的琴弦。这些外观不同的琴弦，在弹奏时会发出不同的音调。为什么会有这种区别呢？做完下面的实验，或许你就能找到答案了。

准备工作

- 一个带有盖子的塑料盒
- 一把小刀
- 几根粗细不同的橡皮筋
- 一根铅笔

跟我一起做

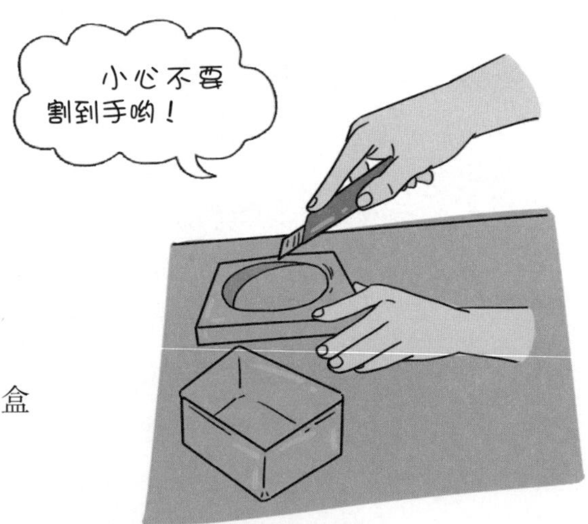

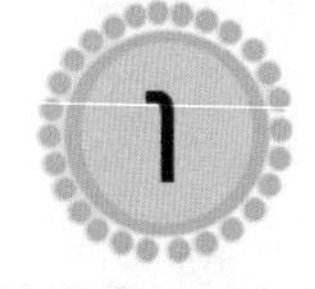

用小刀在塑料盒的盒盖上割一个椭圆形的洞。

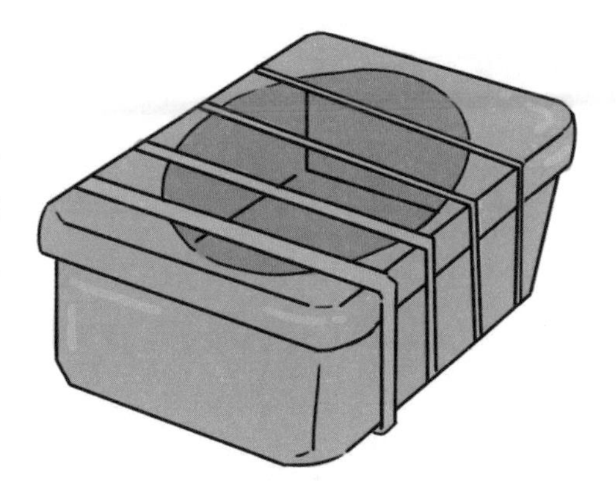

2

盖上盒盖，将四条长度相同但是粗细不同的橡皮筋绑在盒子上，每条橡皮筋之间留有一定的距离，将橡皮筋当作琴弦。

用相同的力拨动粗细不同的橡皮筋，会发生什么现象？

4

在盒盖和橡皮筋之间放一根铅笔，改变琴弦的长度。再次拨动橡皮筋，会发生什么现象？

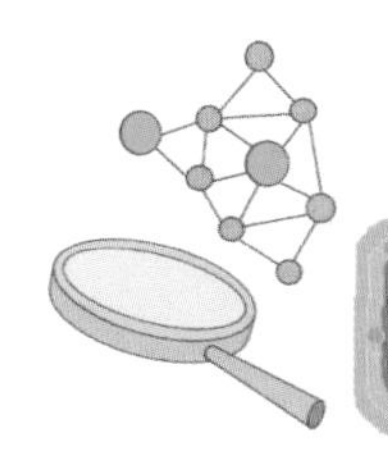

观察结果

第三步中，你会发现细橡皮筋发出声音的音调比粗的高。

第四步中，你会发现在同一根琴弦上，较长的部分发出声音的音调比较短的部分低。

怪博士爷爷有话说

这个实验证明了音调和频率存在关联。细橡皮筋振动频率快，所以发出的音调比较高。当插入铅笔后，改变了琴弦的长短，琴弦长的地方振动频率慢，所以音调低；琴弦短的地方振动频率快，所以音调高。

39. 鼓的发声原理

敲击鼓面就能发声，鼓发声的原理是什么呢？

准备工作

● 小鼓

跟我一起做

两次击打鼓面的力度相差一定要大一些。

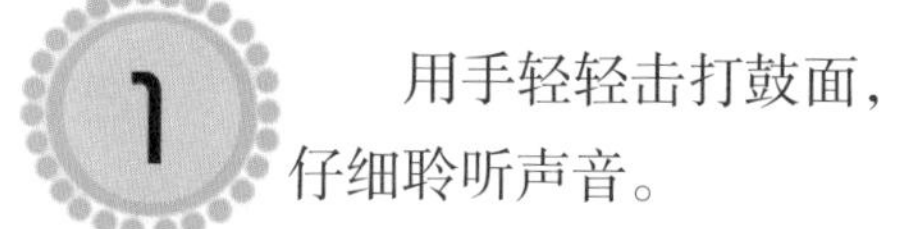

1 用手轻轻击打鼓面，仔细聆听声音。

2 加大击打鼓面的力度，再次聆听声音。

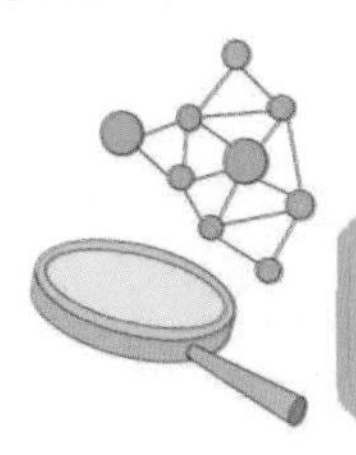

观察结果

鼓声有大有小，可是鼓为什么会发声呢？

第一步中，听到鼓的声音要小一些。
第二步中，听到鼓的声音要大一些。

怪博士爷爷有话说

用手击打鼓面的时候，鼓里面的空气开始振动，空气的振动穿透鼓面，传递到人耳里。就同人在屋里说话屋外的人也能听到一样。

声音遇到障碍物，振动传给周围的障碍物，障碍物再将振动传给另一侧的空气。与此同时，有一部分振动返回来了。就像音叉的振动会向四面八方传播，当声音的振动传给障碍物之后，障碍物的振动又向两个方向传播了。于是声音交织在一起，非常浑厚。

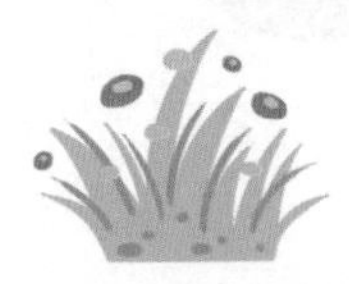

40. 梳子的音乐

乐器可以演奏音乐，你知道吗，我们平时梳头用的梳子也可以演奏出美妙的音乐来呢！

准备工作

- 一把梳齿高低不同的梳子

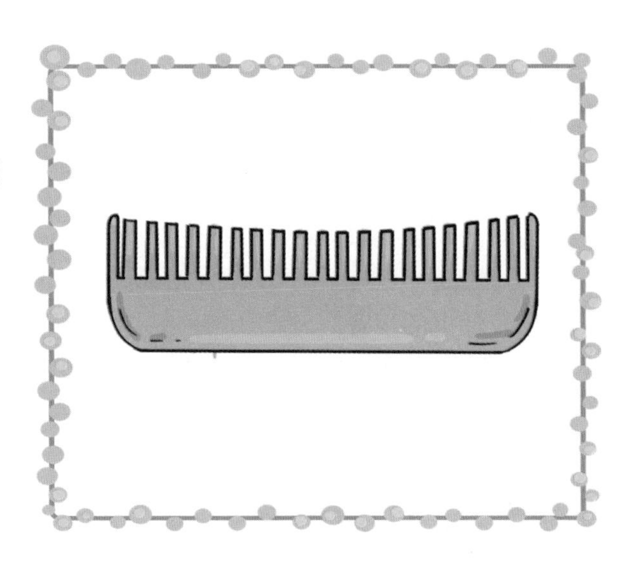

1 用手指拨动梳齿，然后迅速将梳子放在桌子上，你会听到什么声音？

试着用手指拨动长短不同的梳齿。你会听到什么声音？

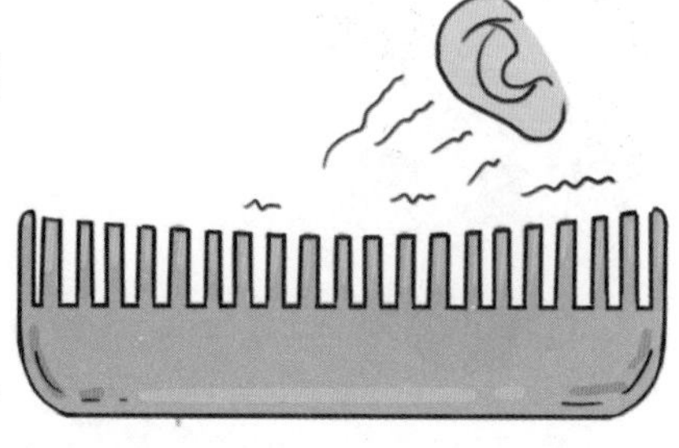

3 你发现梳子里面的秘密了吗？掌握好高低不同的音调，多拨动几次，你就可以用梳子来演奏音乐了。

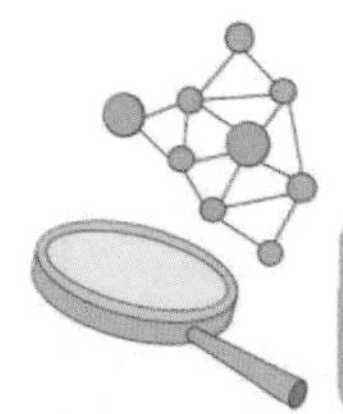

观察结果

注意，拨动梳齿的时候，要掌握好力度。

第一步中，你会先听到很高很细的声音，然后听到比较低沉的声音。

第二步中，你会发现它们发出的声音各不相同。

怪博士爷爷有话说

当你用手指拨动梳齿的时候，声音在空气中振动，你就能听到声音了。而梳齿的长短不同，导致它们的振动频率不同，因此，你听到的声音也就不一样了。当你把振动的梳子放在桌子上时，桌子发出的声音比较大，这是因为产生振动的桌面比梳子大得多的缘故。

41. 会跳舞的茶叶

我们知道茶叶是用来泡水喝的，你知道吗？它还能在声音的带动下跳起舞来呢！让我们一起来做做看吧。

准备工作

- 少许干茶叶
- 一个不锈钢盆
- 一个杯子
- 一张纸巾
- 一根橡皮筋
- 一把不锈钢勺子

跟我一起做

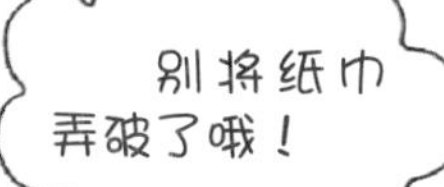

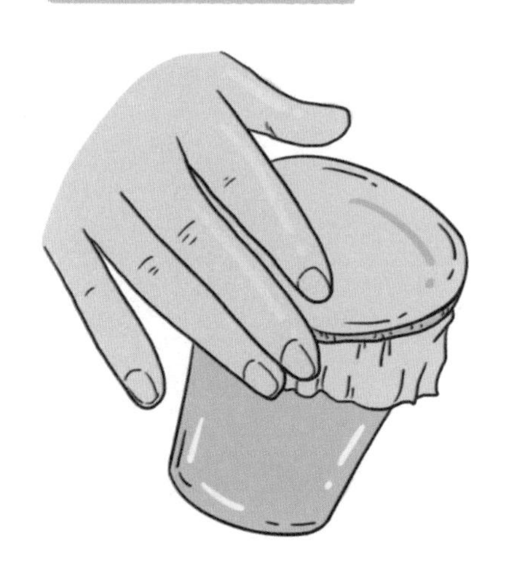

将纸巾放在杯口上，用橡皮筋扎紧。

2 将少量干茶叶均匀地撒在纸巾上。

3 拿起不锈钢盆和不锈钢勺子，对准茶叶，用不锈钢勺子敲击不锈钢盆的底部，观察茶叶有什么变化？

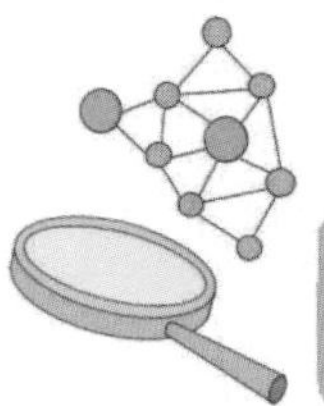

敲击不锈钢盆的声音大小要适当，不要伤到耳朵。

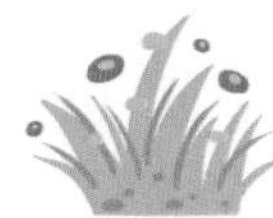

观察结果

你会看到，茶叶随着敲击的节拍竟然跳起舞来。

怪博士爷爷有话说

小朋友们看到实验中的茶叶飞舞起来，是因为不锈钢勺子敲击不锈钢盆底部发出的声音，引起了周围空气微粒振动的结果。当振动的能量向外传播时，碰到了纸巾的底部。纸巾在受到能量的冲击后也振动起来，之后又将能量传递到了茶叶上，茶叶很轻，在能量的冲击下，便会随着敲击的节拍激烈地跳起舞来。

42. 蹦蹦跳跳的盐粒

准备工作

- 一张塑料薄膜
- 一根橡皮筋
- 一只塑料碗
- 一口金属锅
- 一把木质搅拌勺
- 粗糙的盐粒

跟我一起做

1 先用塑料薄膜蒙住碗口，再用橡皮筋把它扎紧，使薄膜完全绷平。

2 将盐粒放在塑料薄膜上。

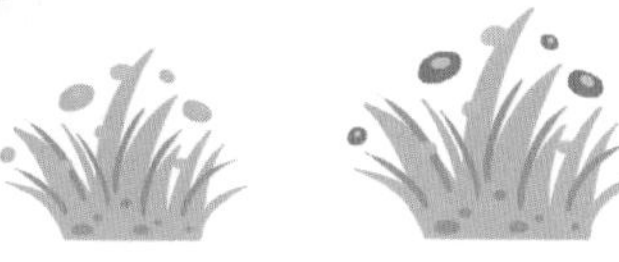

将金属锅拿到碗旁边，然后用木勺敲几下。

实验过程中，注意金属锅不要接触到碗。

观察结果

你会看到，盐粒到处乱蹦。

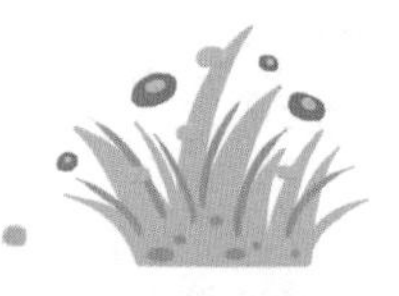

怪博士爷爷有话说

当金属锅被敲打的时候，发出一种声音，使它周围的空气也发生振动，并产生了声波。当这些声波接触到碗的时候，碗也发生振动，使得那些盐粒到处乱蹦。

43. 高低不同的马达声

在马路上行走的时候，你会听到汽车的马达声在靠近和驶离的过程中声音是不一样的，为什么会这样呢？

准备工作

- 行驶的汽车

跟我一起做

马路上车来车往很危险，一定要在大人的陪同下进行实验。

在马路边，寻找一个安全的位置，仔细聆听汽车驶近和驶离的时候马达声的不同。

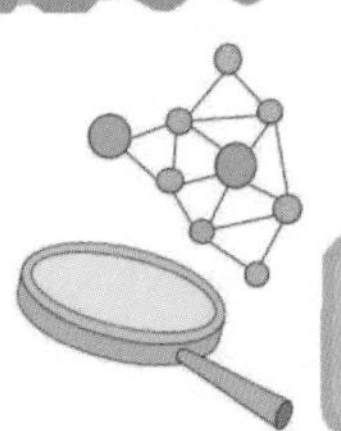

观察结果

汽车马达跟小朋友打招呼的声音不一样呢！

驶近的时候，马达发出高亢的声音，驶离的时候却是低沉的“嗡嗡”声。

怪博士爷爷有话说

从马达传播出来的声波，速度是一样的，汽车疾驶在声波后面，声波在车前受到挤压，因此波与波之间的距离（波长）变得小了。也就是说，声波的频率（每秒的声波数量）提高了，所以我们听到的是高音。汽车驶过以后，情况完全相反，我们听到的是车后面的声音，声波之间的距离加大了，频率减弱，声音也就低沉下来了。

44. 确定声音的方位

小朋友们肯定听过救护车、警车或消防车的警报声。你们能很快确定这些车辆是从哪个方向来的吗？从前方还是从后方？想正确判断声音的方向并不容易。我们不妨通过下面的实验来检验一下自己判断声音方向的能力。

准备工作

- 一个小伙伴
- 一条围巾
- 一把椅子
- 一片开阔的空地

跟我一起做

1 用围巾蒙上眼睛，保证眼前漆黑一片，然后坐到空地中间的椅子上。

让小伙伴站到你的旁边或者后面，然后弹响手指。

弹响手指的声音要大一些，而且周围不要有杂音。

尝试猜测声音的方向，并以手指示意。

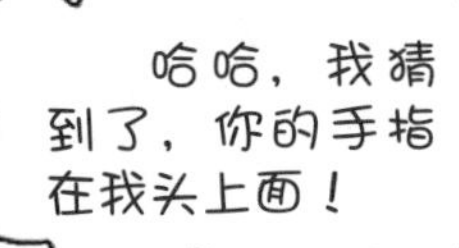

哈哈，我猜到了，你的手指在我头上面！

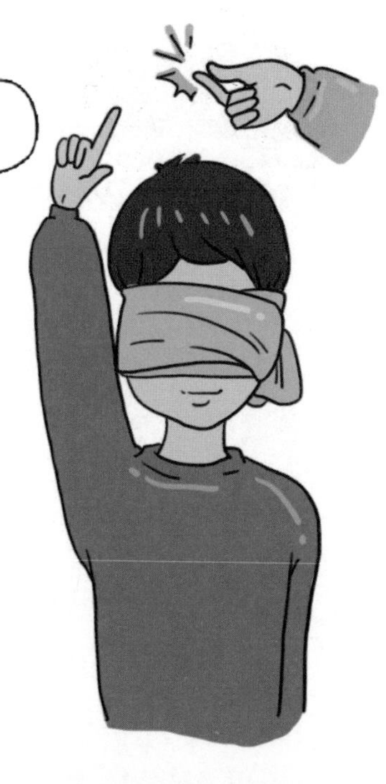

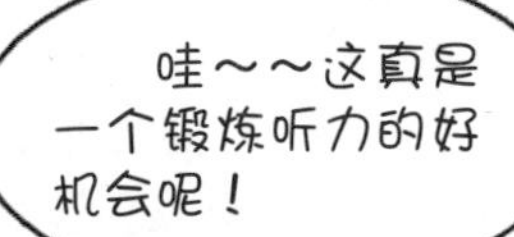

哇～～这真是一个锻炼听力的好机会呢！

4 如果回答错误，可以让小伙伴在同样的位置再弹一次手指，当然也可以再换一个位置。

居然回答错了？这次一定要更集中精力才行！

看看小伙伴能猜对方向吗？

接下来互换角色。

尝试一下在不同距离处弹手指，可以一会儿在耳边弹手指，一会儿在远处弹手指。

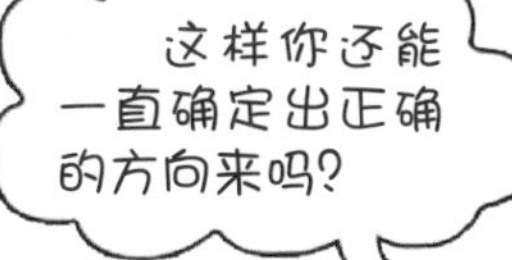

这样你还能一直确定出正确的方向来吗？

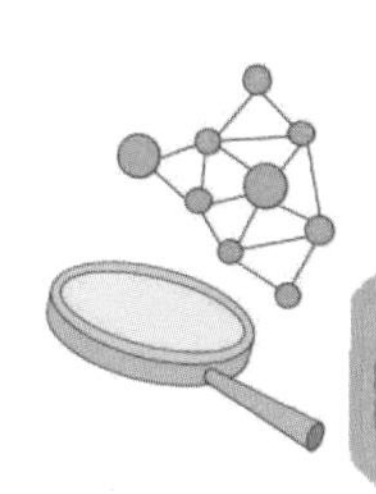

观察结果

只有在精力特别集中的情况下，认真倾听，才能猜出正确的方向。

怪博士爷爷有话说

我们的耳朵位于头部的两侧。声波以特定的速度在空气中移动。通过声音先后到达两只耳朵所产生的细微的时间差，我们就可以确定声音发出的方向。例如弹指的声音如果从右面来，那么它会先到达右耳，然后在很短时间内再到达左耳。大脑就是通过这种时间差来判断声音的方向的。如果弹指的声音来自前方或者后方，那么声音就会几乎同时到达两只耳朵。

45. 纸杯里的声音

你能想到纸杯还能发出声音吗？如果你跟随下面的实验步骤，就真的可以收获一个会发声的纸杯哦！

准备工作

- 一根牙签
- 一根涂蜡的棉线
- 一个纸杯

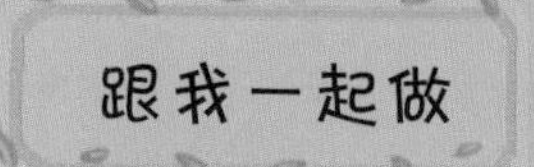

在纸杯底部的中心用牙签扎一个小孔。

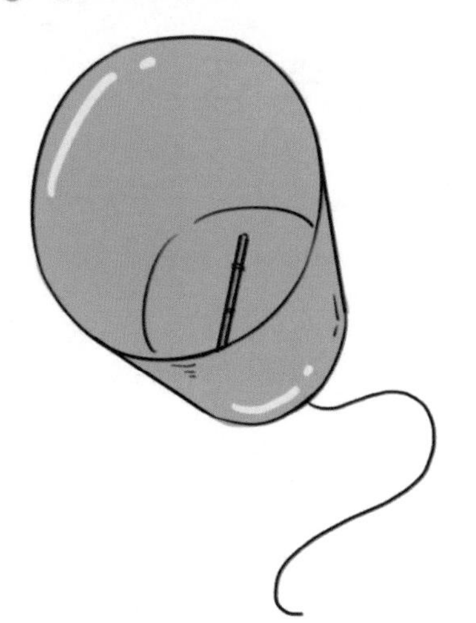

2

将棉线从小孔中穿过，在棉线的末端系上一根牙签，以防止棉线从杯底脱落。

牙签一定要绑牢，小朋友要有耐心哦！

3

一只手拿着纸杯，另一只手的食指则与拇指一起夹住棉线，并顺着棉线轻轻地向下滑动手指。

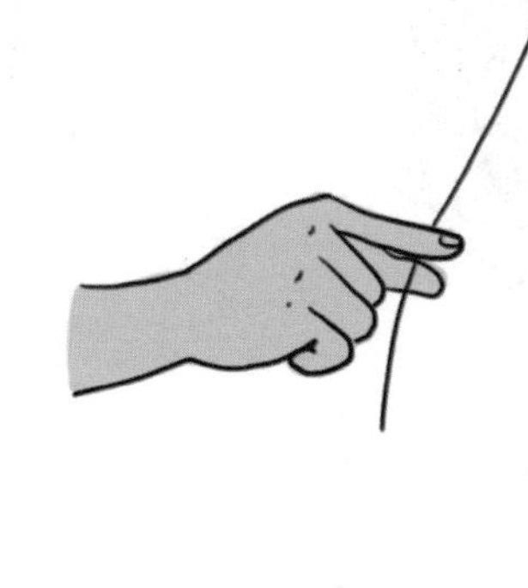

仔细聆听，会发出什么声音？

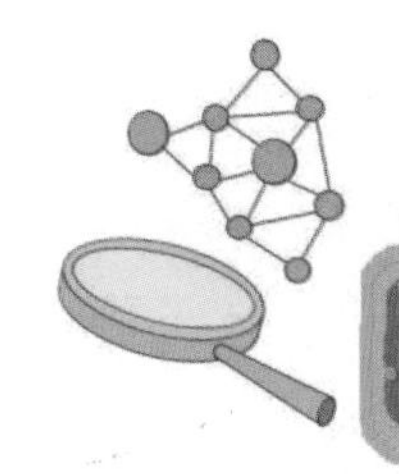

观察结果

这时的纸杯会发出很大的声响。

怪博士爷爷有话说

当手指在棉线上滑动时，棉线上的蜡将这种摩擦变成许多细小的停止和启动，使棉线产生振动，纸杯的作用是增加这种振动。纸杯里的声音不是单调的，而是可以根据棉线的松紧程度来调节音调的高低。如果将棉线松散的一头系在固定的物体上，拉住纸杯让棉线绷紧，然后滑动手指，就会发现棉线绷得越紧，音调越高。

46. 用易拉罐打电话

用两个易拉罐就可以做出一个简易的电话，这是多么神奇的一件事呀！跟随我们一起做做看吧！

准备工作

- 两个易拉罐
- 一把剪刀
- 一把锥子
- 一颗钉子
- 一根长线

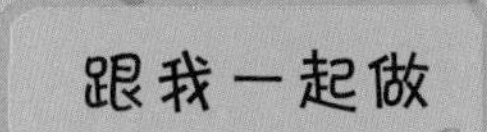

跟我一起做

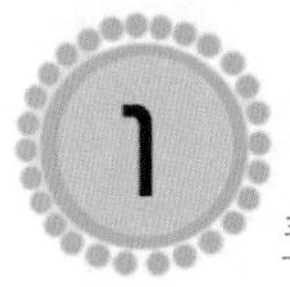

将两个易拉罐上面的盖子剪掉。

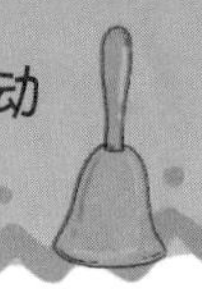

用钉子和锥子在两个易拉罐的底部各穿一个小孔，穿进长线。在伸入易拉罐内部的长线上打个结，使它不会从易拉罐上脱落下来。

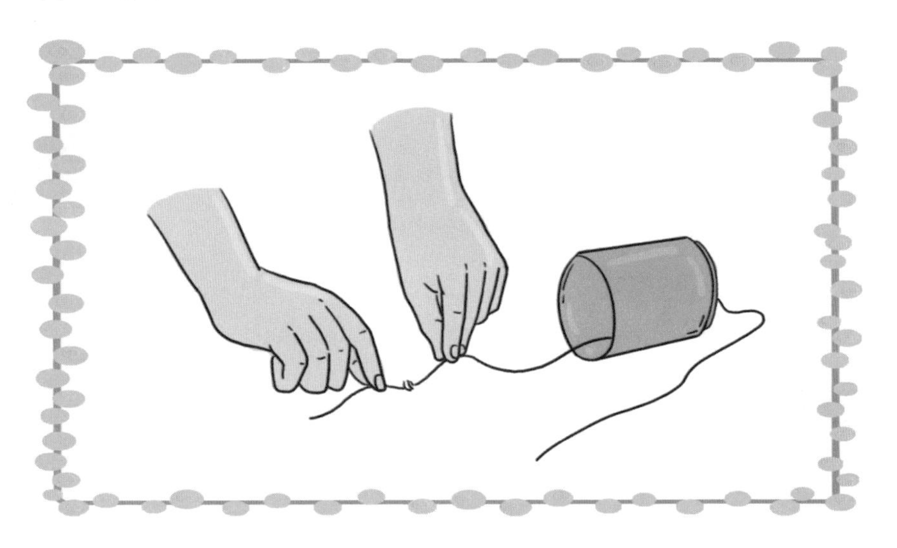

长线尽量弄得长一些，你和小伙伴的距离不要太近。

和你的小伙伴各拿一个易拉罐，一个人对着易拉罐说话，另一个人将易拉罐放在耳朵旁听，看看能不能听清对方在说什么。

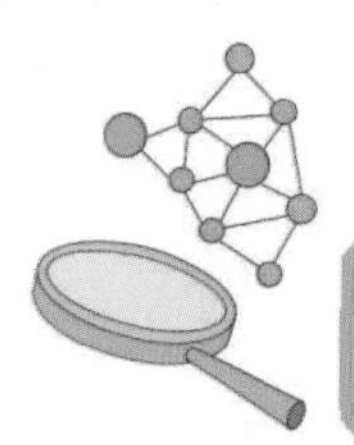

观察结果

哈哈，这下可以随时随地地打电话啦！

通过实验，你发现这个简易电话还是非常好用的，你和你的小伙伴能够听到彼此的说话声。

怪博士爷爷有话说

因为声音是以声波振动的形式向外传播的，所以在实验中当你对着一个易拉罐说话的时候，声波会使易拉罐的底部也振动起来，而拴在易拉罐底部的长线会将这种振动迅速地传到另一个易拉罐的底部，引起另一个易拉罐的振动，从而使你的朋友能够听清楚你所说的话。这就是用易拉罐打电话的科学原理。

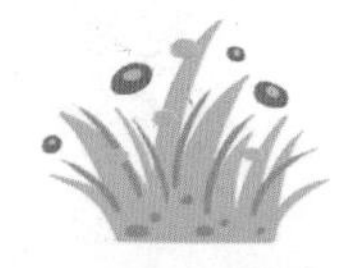

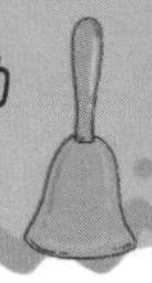

47. 制作纸鞭炮

日常生活中充满着各式各样的声音。任何声音都是由发声体的振动产生的，但不同的发声体发出的声音却存在很大的差别。我们可以试着做一个纸鞭炮，来听听它发出的声音。

准备工作

- 一张厚纸
- 一张棕色纸
- 一把尺子
- 一瓶胶水
- 一把剪刀

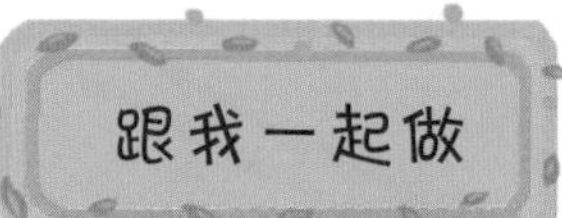

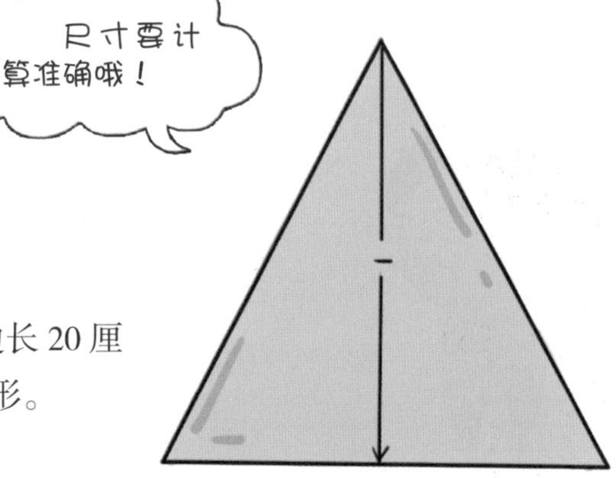

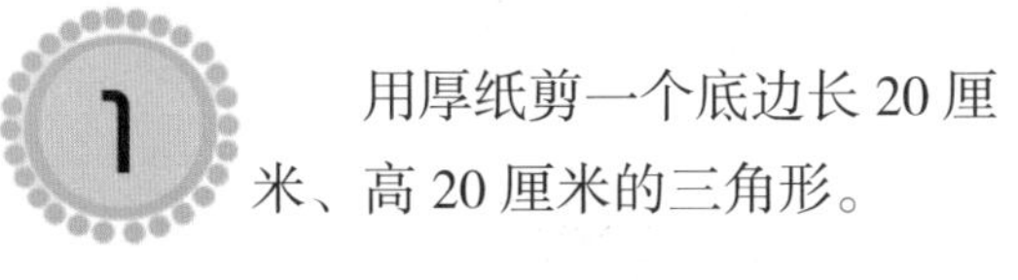

1 用厚纸剪一个底边长 20 厘米、高 20 厘米的三角形。

2 用棕色纸剪一个底边长20厘米、高10厘米的三角形。

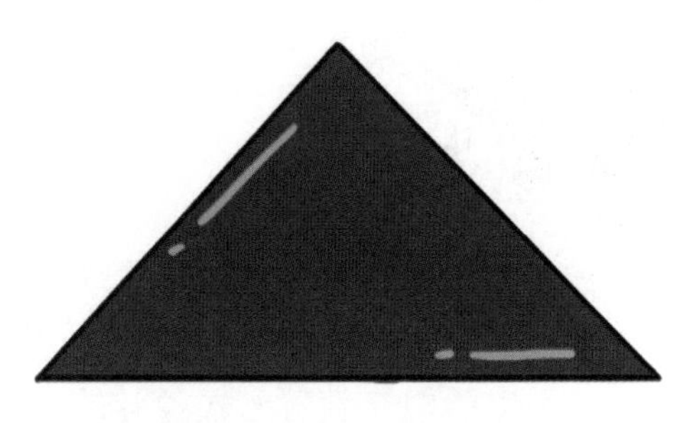

棕色三角形的高度正好是厚纸三角形高度的一半。

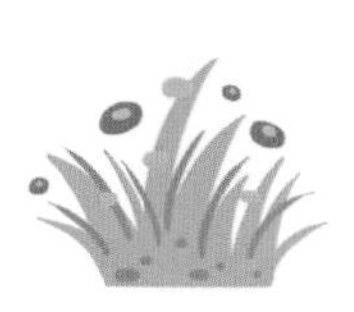

3 将两个三角形20厘米长的底边粘在一起，再沿两个三角形的底边中点将两者折起来，要使大的三角形在外面。这样，一个纸鞭炮就做好了。

嘭！纸鞭炮好响啊～～

4 举起纸鞭炮，伸直手臂，猛然将手臂向下抖，用力将棕色的三角形甩出来。

叫上伙伴们比一比，看看谁的鞭炮更响亮！

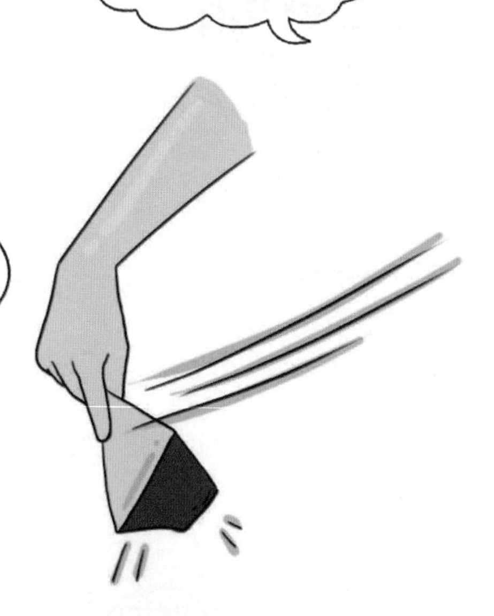

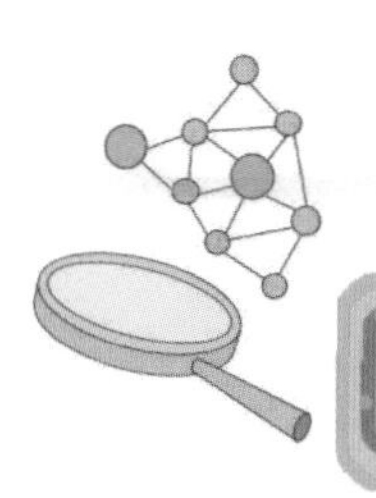

观察结果

你会听到纸鞭炮发出声音。

怪博士爷爷有话说

当你的手臂向下抖动时，空气猛然冲到厚纸做成的三角形下，这种冲击力会将棕色三角形顶出去。在这个过程中，纸撞击空气，使得空气产生急速的冲击波振动而发出较大的声音。我们生活中的乐声和噪声，也是经过这种振动产生的。

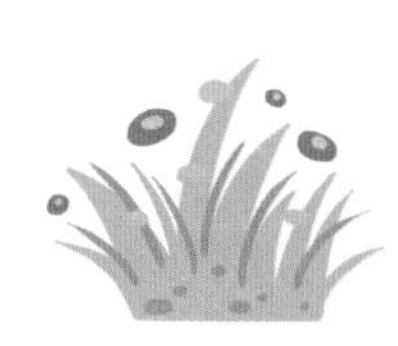

48. 用声波吹灭蜡烛

小朋友，你们试过用声波吹灭烛火吗？下面的实验带我们来体验下声波的神奇力量。

准备工作

- 一张硬纸板
- 一块气球膜

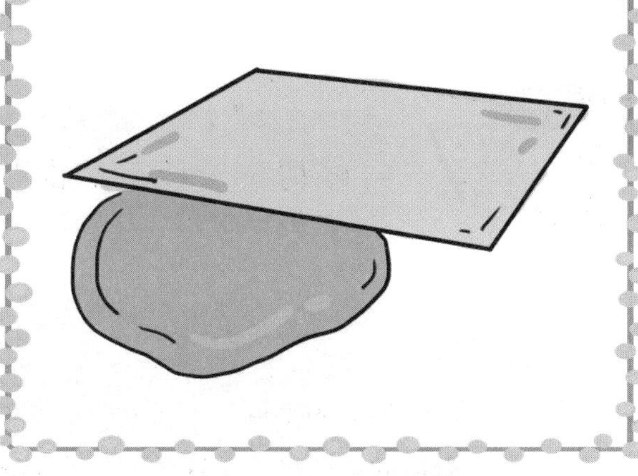

跟我一起做

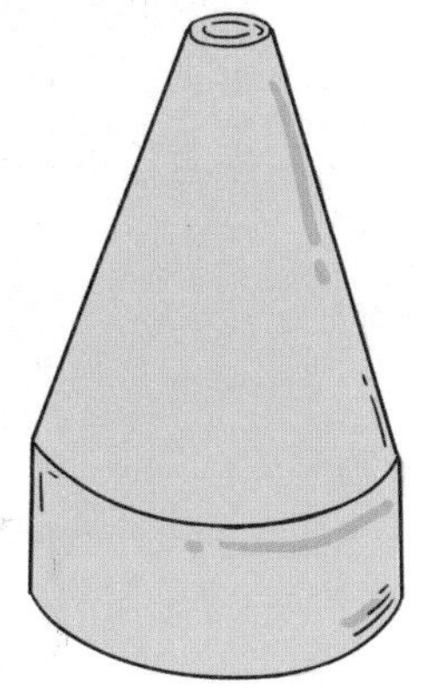

1 用硬纸板做一个小口直径只有6毫米的圆锥筒，将大口的一端连接在约半米长的硬纸筒上（直径大约10厘米）。

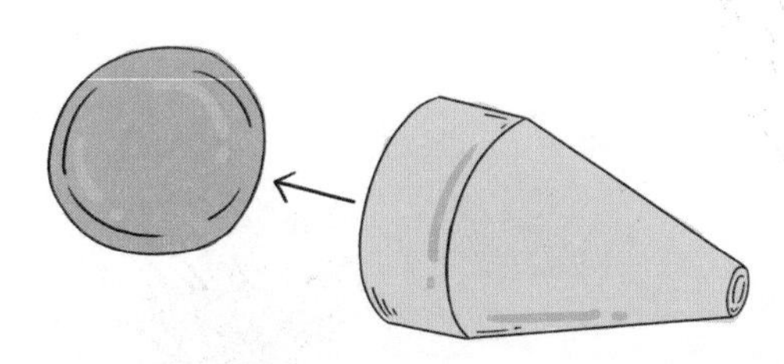

2 用一块气球膜蒙在硬纸筒的大口端。使圆锥小口对准蜡烛的火焰，并设法将纸筒固定好。

现在，在靠近气球膜的一端使劲拍手。

不要将纸筒烧着了！

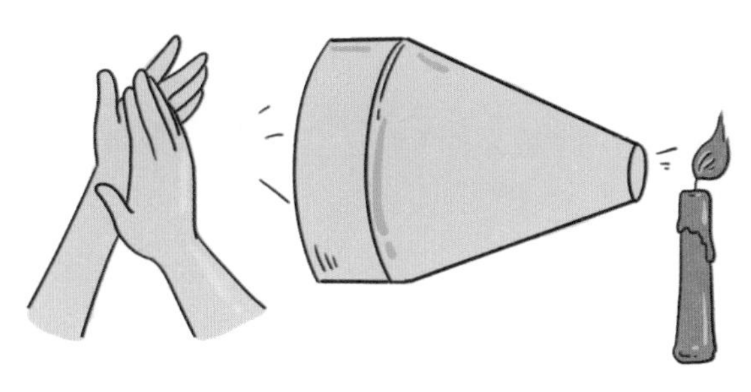

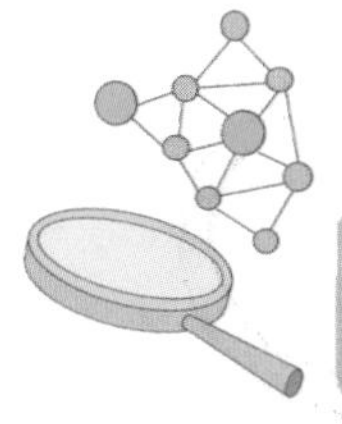

观察结果

有谁在吹动蜡烛火焰吗？

你会立即看到蜡烛的火焰疯狂地跳动起来。

怪博士爷爷有话说

由于气球膜的阻挡，拍手时产生的气流不可能进入纸筒，火焰的跳动是因为拍手时产生的声波引起隔膜振动，进而引起筒内空气的振动，这个振动传播到火焰，使得火焰跳动起来。

49. 简易听诊器

医院里，医生用听诊器来听心跳，这是为什么呢？下面我们来做一个简易的听诊器，揭开听诊器的秘密吧！

准备工作

- 两只漏斗
- 一根约50厘米长的橡皮管

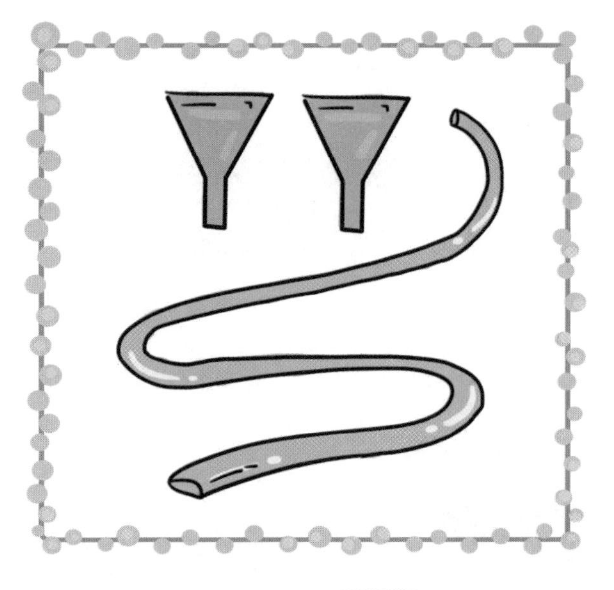

跟我一起做

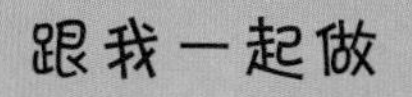

一定要套牢，不能漏气！

1. 将橡皮管的两端套在两个小漏斗的细管口上。

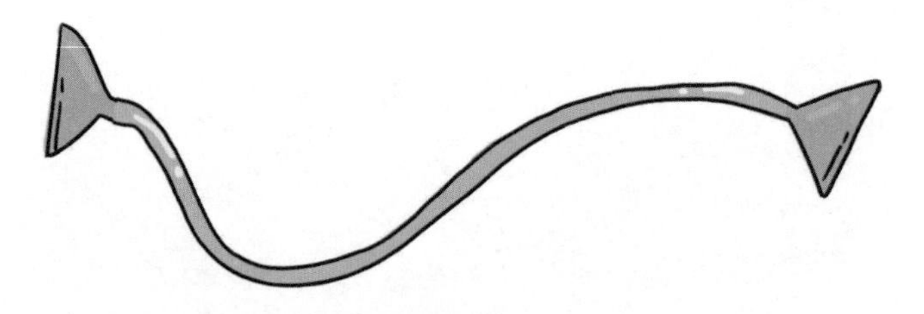

2 将一个漏斗的敞口贴在你朋友的胸口上，然后将另一个漏斗的敞口罩在自己的耳朵上。

观察结果

你会听到朋友心脏跳动的“怦怦”声。

怪博士爷爷有话说

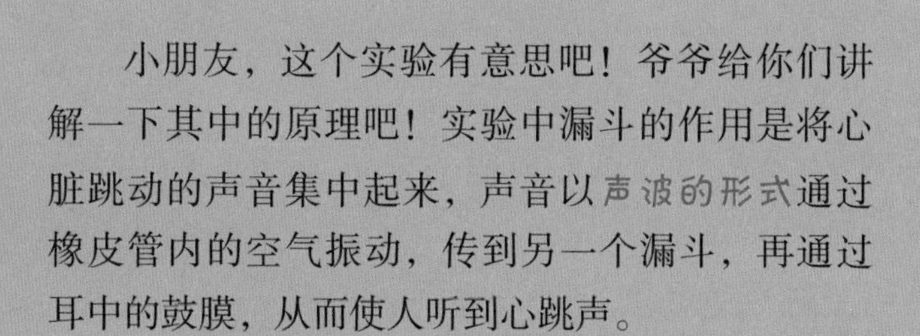

小朋友，这个实验有意思吧！爷爷给你们讲解一下其中的原理吧！实验中漏斗的作用是将心脏跳动的声音集中起来，声音以声波的形式通过橡皮管内的空气振动，传到另一个漏斗，再通过耳中的鼓膜，从而使人听到心跳声。

50. 便宜的耳机

我们平时看到最便宜的耳机也需要花钱买，这里可是有免费的耳机供大家使用哦！

准备工作

- 一张硬纸板
- 飞机座椅上的小喇叭

跟我一起做

1 将一张硬纸板卷成圆锥形，然后将圆锥的顶端插在飞机座椅上插耳机的插孔里。

打开开关，你会有不一样的发现。

做实验之前，一定要征求周围人的意见，在大家同意的情况下才能这样做。

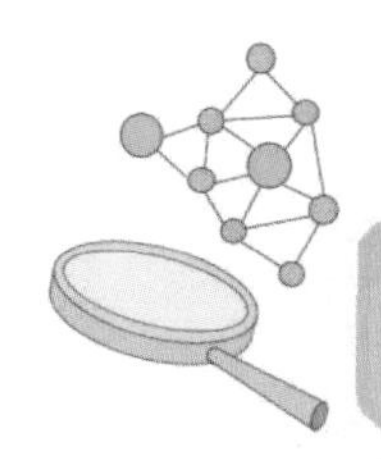

观察结果

这真是一个神奇的现象，究竟是怎么回事呢？

你会发现，即使隔着好几个座位，还能够听到音乐声。

怪博士爷爷有话说

将硬纸板卷成圆锥形插进插耳机的插孔里，能减少声音的分散，增加声音的响度，这样就可以将声音传得更远。所以，即使隔着好几个座位，还是能听到音乐声。

51. 两个人的秘密

放假的时候，跟你的小伙伴一起乘坐飞机去旅行，想不想拥有属于两个人的秘密，飞机上的特殊耳机就能帮你实现这个愿望。

准备工作

- 飞机上的特殊耳机

跟我一起做

1 跟你的小伙伴戴上飞机上的特殊耳机，然后交换耳机插头。

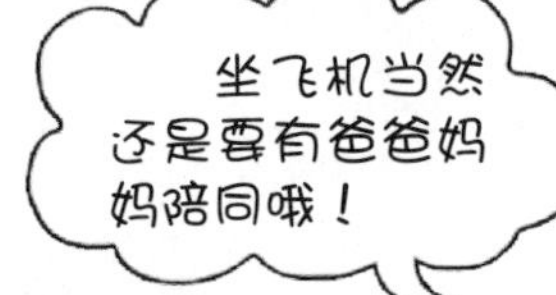

坐飞机当然还是要有爸爸妈妈陪同哦！

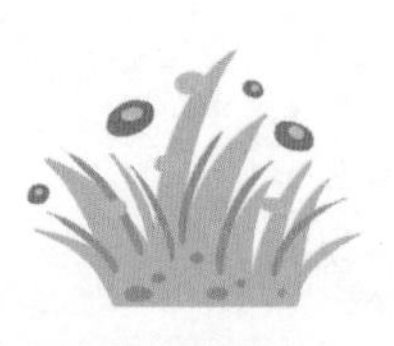

2 你轻声地对着小伙伴的耳机插头说话，看你的小伙伴能否听到你的说话声。

飞机上座位离得很近，所以声音一定要小。

哈哈，我知道他的小秘密了！

换成你的小伙伴说话，你来听，看看能否听清。

哎呀！别人不会偷听到吧？

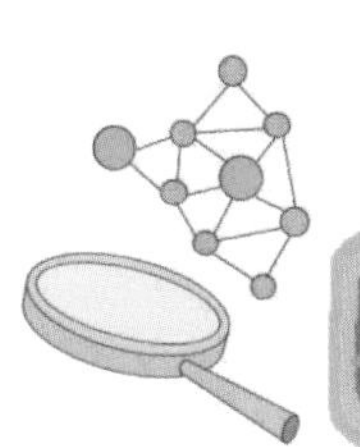

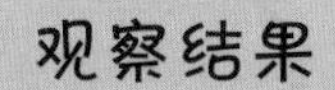

你会发现，你和你的小伙伴都能听到彼此的说话声，因为飞机引擎产生的噪声非常大，别人根本听不到你们在说什么。

怪博士爷爷有话说

飞机上的特殊耳机不仅可以传出喇叭的声音，还可以传出其他声源的声音。连接耳机的细管中间是空的，其中充满了空气，当声波进入这个细管时，会产生振动，对细管中的空气施加推力，进而推动空气运动，将振动传到你的耳朵中，声音也就传入你的耳朵里。如果戴上这种耳机对它吹气，你会发现，居然还能听到自己的呼吸声。

52. 骨骼也能听到声音

我们平时都是用耳朵听声音的，但是，你们知道吗？骨骼也能听到声音呢！快来做下面的实验吧！

准备工作

- 两个小棉花团
- 一副耳机
- 一个音响

跟我一起做

用两个小棉花团将你的耳朵塞住，然后用手指轻轻地刮桌子，你会听到什么？

刮牙齿的时候不要太用力，别弄坏牙齿哟！

2 现在去把手洗干净，再用指甲轻轻刮你的牙齿，这时你会听到什么？

3 用棉花球塞住你的耳朵，然后再用手捂住耳朵，尽量不要让别的声音从你耳朵中进入，请你的小伙伴帮忙，让他把耳机接在播放的音响上，然后再将耳机紧贴着你头部的骨骼，你会听到什么？

骨骼真的会听到声音吗？

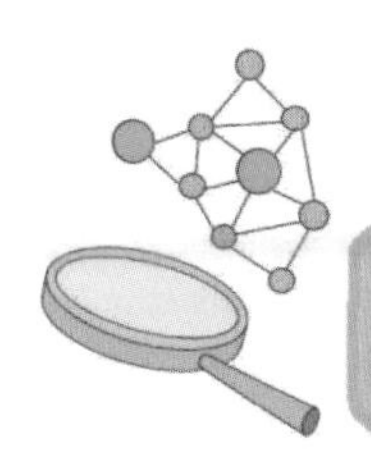

观察结果

第一步中，由于声音太小，你的耳朵又被堵住了，因此你不容易听得见声音。

第二步中，你会听到很响的磕碰声，很显然，这声音不是从你耳朵里传进去的。

第三步中，尽管耳朵被捂住了，但你还是能听到声音的。

怪博士爷爷有话说

我们能够听到声音是因为当物体振动时，也振动了周围的空气，振动的空气把声波传到耳膜，然后由大脑感知。这个实验告诉我们，声音通过颌骨、头骨也能传到听觉神经，因此，我们用骨骼也能听到声音。

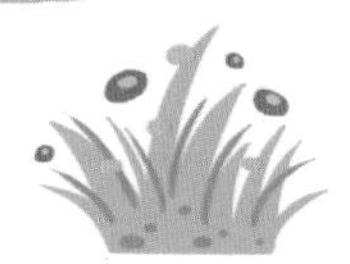

53. 缸里的声音

用同样的力气在房间中讲话和在旷野中讲话听起来是不同的。在房间中很响亮的声音，在旷野中听上去可能一点也不响亮。这是为什么呢？

准备工作

- 一口大缸
- 一个走动有声音的小钟

跟我一起做

1 先将小钟放在大缸中，把头靠近缸口，听听小钟的滴答声，注意听它的声音和放在外面时有什么不同。

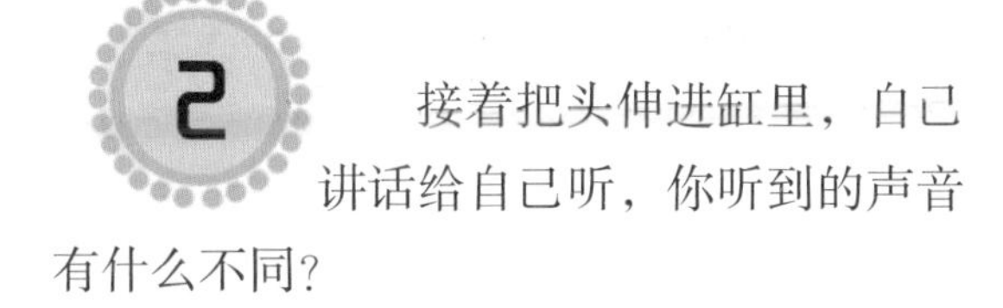

2 接着把头伸进缸里，自己讲话给自己听，你听到的声音有什么不同？

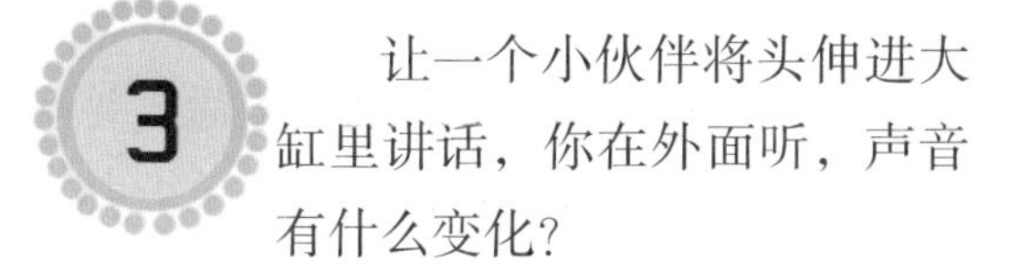

3 让一个小伙伴将头伸进大缸里讲话，你在外面听，声音有什么变化？

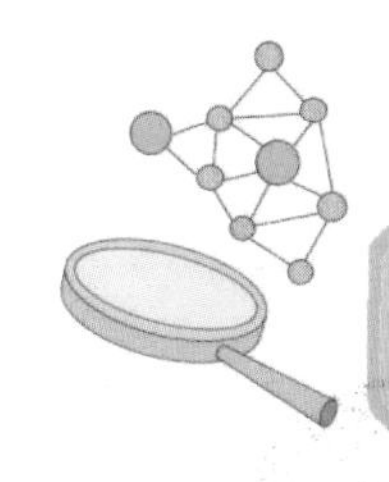

观察结果

你会发觉，在大缸中发出的声音更为响亮。

怪博士爷爷有话说

在缸中讲话声音变得宏亮有两个原因：一是由于缸壁的“共鸣”作用引起的，你讲话时，缸壁也发生振动，所以声音就宏亮了；另一个是由于缸壁对声波的反射作用，反射的声波进入耳朵，就加强了原来的声音。用同样的气力讲话在房间中比在旷野中听到的响亮，主要是墙壁对声音的反射作用。

54. 打雷处离我们有多远

夏天经常打雷。有时打雷的地方离我们很远，看到耀眼的闪电后，要经过好几秒才能听到雷声。打雷处离我们有多远呢？我们可以用最简单的办法大致地测量一下。

准备工作

- 有秒针的手表，最好是运动会上测跑步速度的秒表

跟我一起做

按下秒表的时间一定要又快又准哦！

1 如果使用秒表，你可以在看到闪电的瞬间按下秒表的按钮，到听到雷声时再按一下，这时，你就记录下了从看到闪电到听到雷声的时间差。

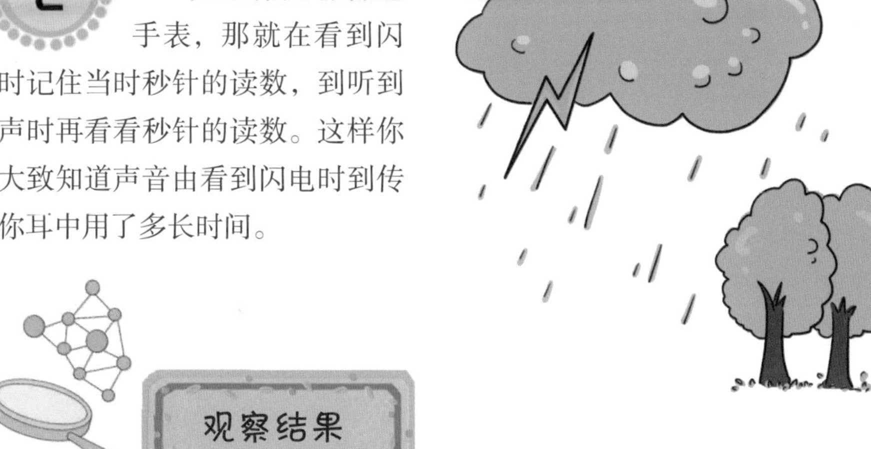

2 如果你只有普通手表，那就在看到闪电时记住当时秒针的读数，到听到雷声时再看看秒针的读数。这样你能大致知道声音由看到闪电时到传到你耳中用了多长时间。

观察结果

通常情况下，空气中声音传播的速度大约是每秒 340 米，所以如果时间的间隔是 5 秒，打雷处就在 1 700 米远处，即 340 × 5=1 700（米）。

怪博士爷爷有话说

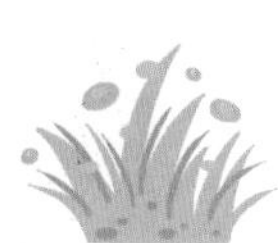

实验中，小朋友需要知道，光的传播速度很快，和声音的传播速度相比，光在路上传播所用的一点点时间可以不计较。所以我们把看到闪电的时间当作声音开始传播的时间。你们听明白了吗，是不是没有想象的那么难？

55. 共振现象

曾有人遇到这样的怪事：家中一个铜盘早晨会无故“嗡嗡”作响，这可把他吓坏了。后来有人发现，这是由于附近寺庙的钟声经空气传到这里，使铜盘发生了振动的关系。这种现象叫作“共振”。两个物体发生“共振”是需要满足一定条件的，让我们一起来看看吧！

准备工作

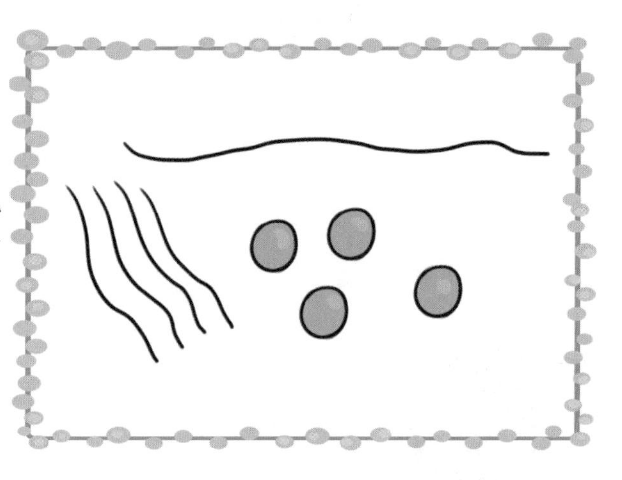

- 一条绳子
- 几段细绳，下端挂几个大小差不多的小球（有个球要稍重或者稍大）

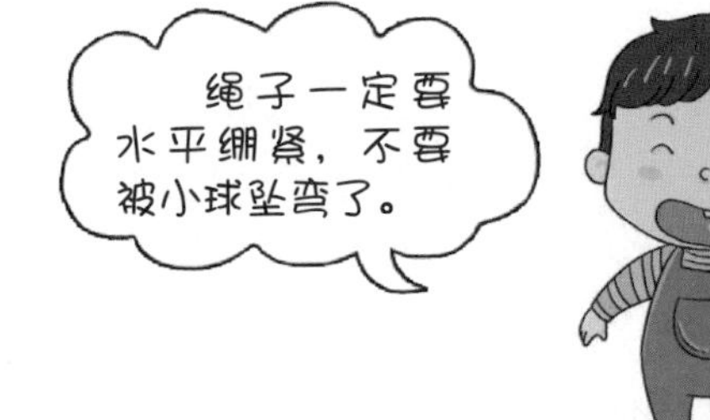

绳子一定要水平绷紧，不要被小球坠弯了。

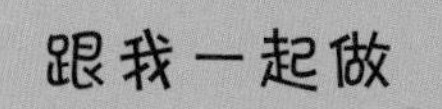

跟我一起做

1. 先将绳子两端水平地紧拴在两处，再将挂着小球的细线吊在绳子上。细线除了挂 A、B 两球的长短要一样外，另外几条长短不一。

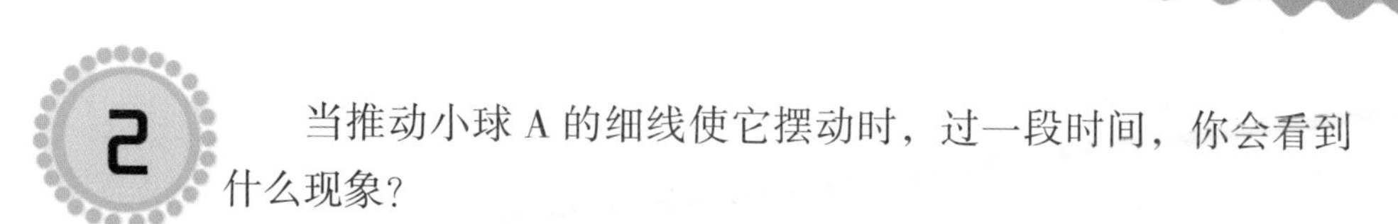

当推动小球 A 的细线使它摆动时，过一段时间，你会看到什么现象？

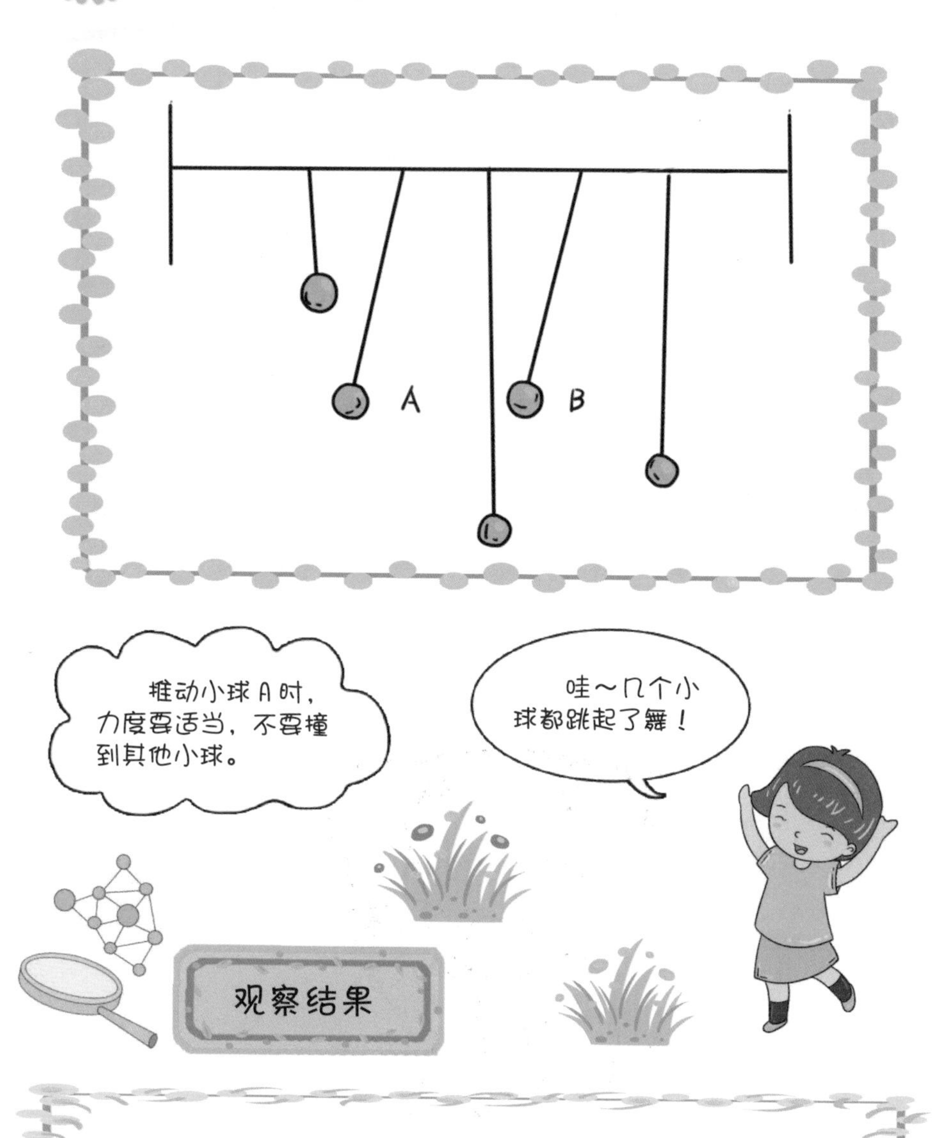

A
B
推动小球 A 时，力度要适当，不要撞到其他小球。
哇～几个小球都跳起了舞！
观察结果

当推动小球 A 的细线使它摆动时，过一段时间，你会看到和 A 的摆线一样长的 B 球也会明显地摆动起来。其他几条线多少也有些摆动，但是没有那么明显。

怪博士爷爷有话说

挂着摆动小球的装置叫作“单摆”。摆线越长，摆动就越慢。长短一样，摆动快慢就一样，所以发生共振的条件就在于“振动频率相同”。物体发出声音时，如果振动频率相同，也会产生共振。

56. 撞球游戏

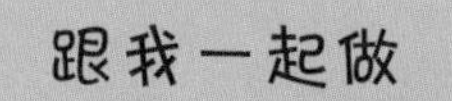

准备工作

- 一根扫帚把
- 六个乒乓球
- 两把椅子
- 一卷胶带
- 六根长为50厘米的绳子

扫帚把要放稳，不要在实验中途掉下来。

跟我一起做

1 先将两张椅子背对背放置，然后再将扫帚把横放在两把椅子的椅背上。

2 用胶带在每根绳子一端粘一个乒乓球，然后将绳子的另一端粘在扫帚把上，使相邻的乒乓球互相挨着。

3 将第一个乒乓球向后拉，使绳子拉直，然后放手，使它碰到下一个乒乓球。

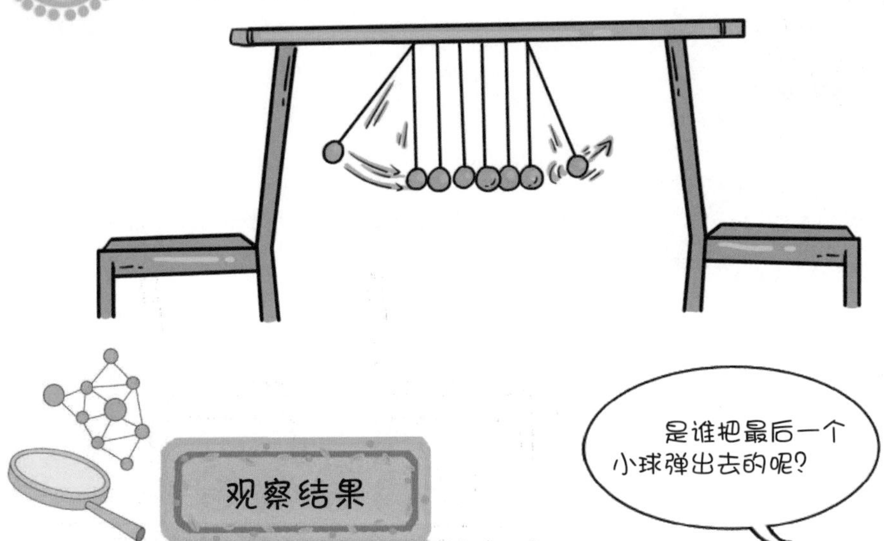

观察结果

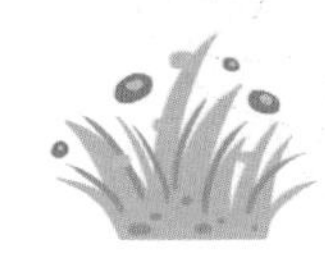

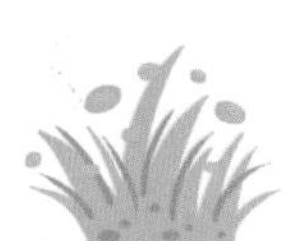

是谁把最后一个小球弹出去的呢？

所有的乒乓球都动起来了，最后一个乒乓球弹出去的距离跟第一个乒乓球撞到第二个球的距离一样远。

怪博士爷爷有话说

第一个乒乓球把运动传递给第二个乒乓球，第二个乒乓球又把运动传递给第三个乒乓球，以此类推。空气分子被声音振动撞击后也会产生同样的现象，物体的振动可以被传递到它周围的空气中去。由于声波可以弯曲，因此这些振动可以从一层空气中传递到另一层空气中。

57. 模拟地震

我们知道地震非常可怕，下面我们用易拉罐模拟建筑物，来看看地震的倒塌是不是蕴含一定的规律？

准备工作

- 六个易拉罐
- 一张厚纸板
- 一卷胶带

跟我一起做

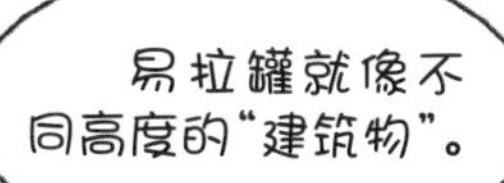

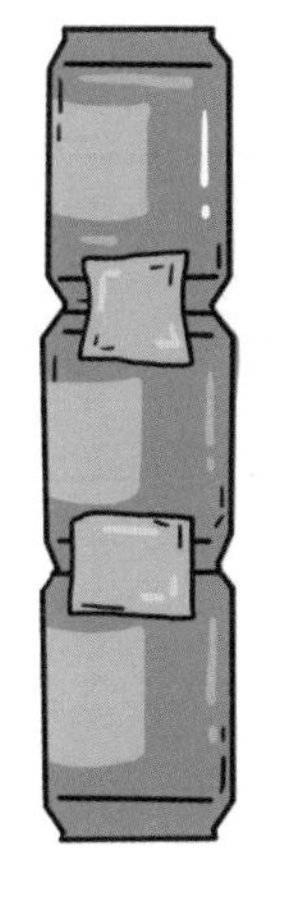

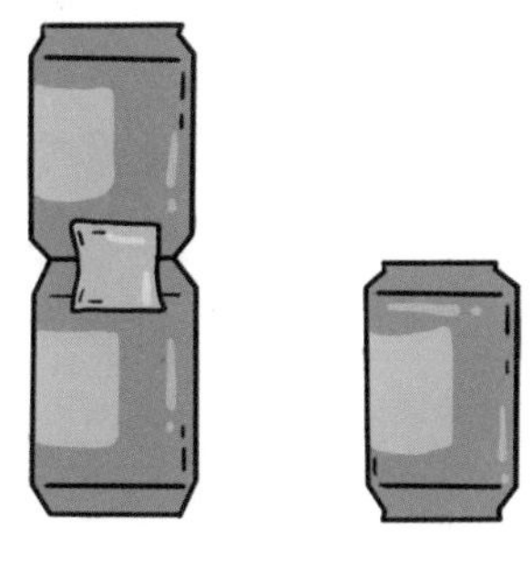

1 将一个易拉罐放在一边，剩下的五个分为两组：一组两个、一组三个。每组易拉罐摞起来，用胶带固定好，组成长筒状。

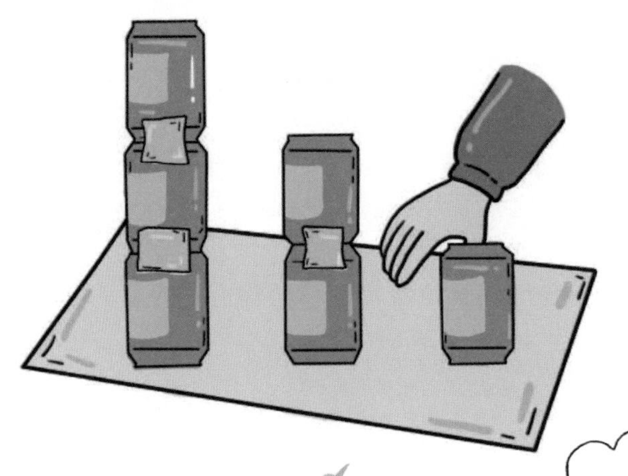

2

将这三个不同高度的“建筑物”放在厚纸板上，抓住厚纸板的一端，沿水平面来回推动，配合不同“建筑物”的频率，观察有什么变化？

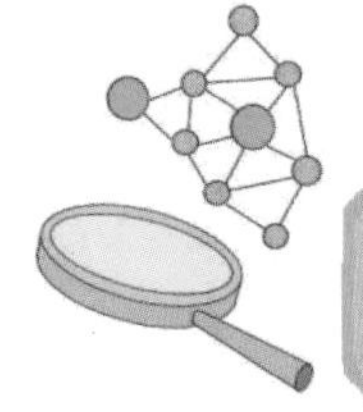

观察结果

实验过程中，你会发现易拉罐一定会倒下。

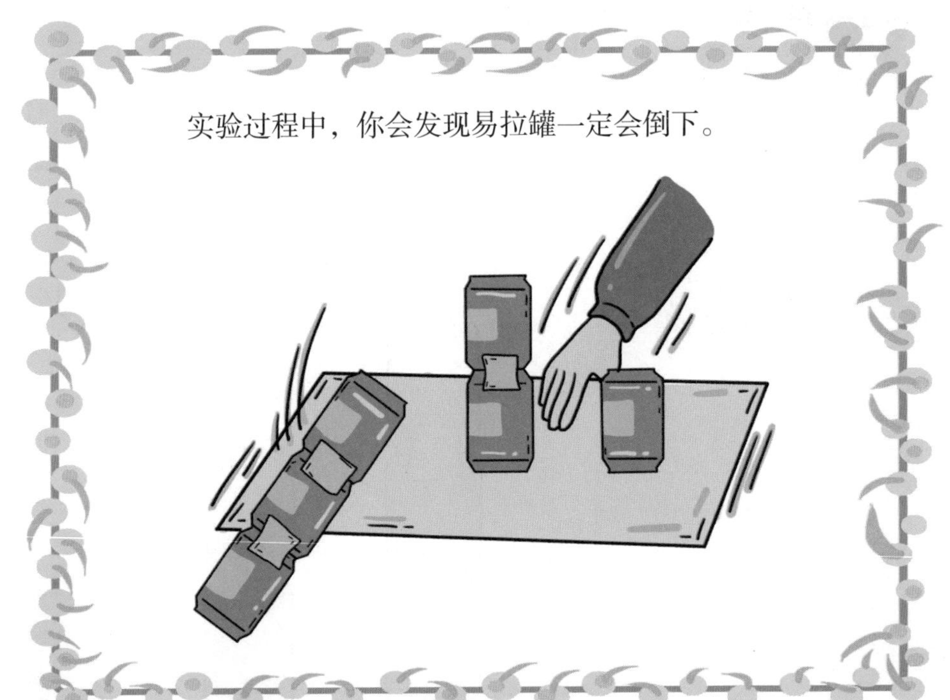

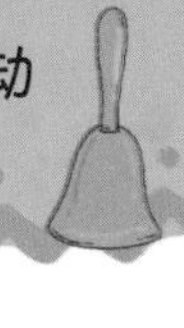

怪博士爷爷有话说

这是一种共振现象，只要推拉厚纸板的频率与某个“建筑物”的振动频率相吻合，它就会倒掉。一般来说，纸板动得快时，矮的“建筑物”就容易倒；动得慢时，高的“建筑物”就容易倒。我们现实生活中发生地震时，有些建筑物会倒塌，是因为建筑物自身的振动频率和地震波的频率相吻合而产生了共振现象。

58. 瓶盖变钟摆

刚刚还静止的瓶盖，为什么会突然摆动起来呢？让我们一起来看下面的实验吧！

准备工作

- 三个瓶盖
- 三根长短不一的线
- 三根筷子

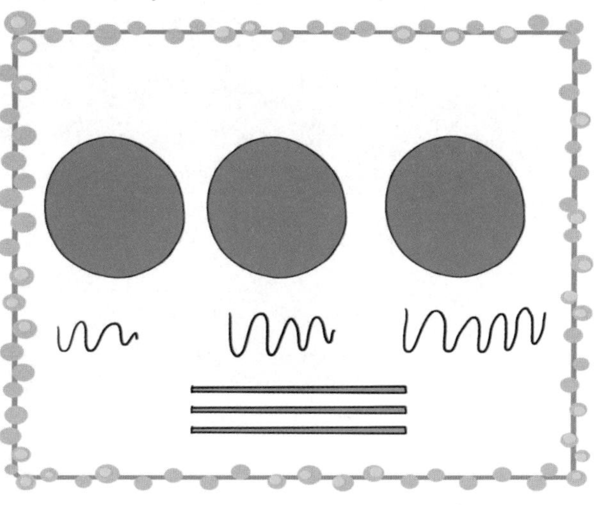

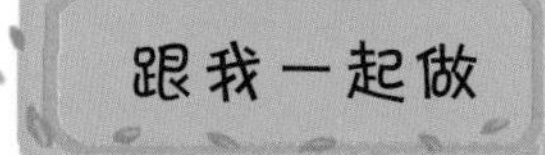

跟我一起做

1 准备三个大小相同的瓶盖，分别绑上三根不同长度的线。

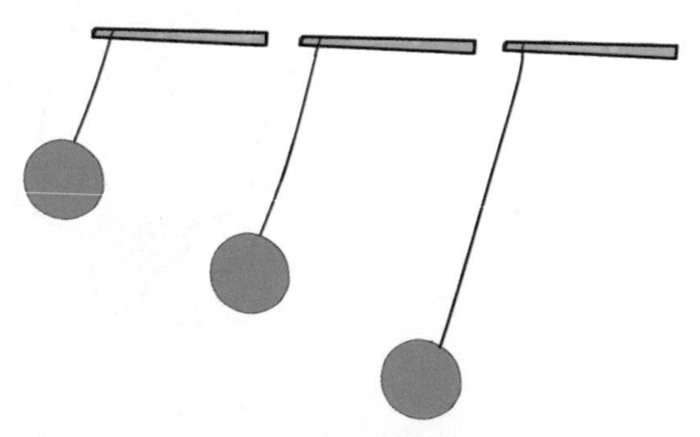

2 将系好瓶盖的线按照短、中、长的顺序排好，并将其另一端绑在筷子上，然后你来决定，让哪个瓶盖摆动。

选中后，对其施加驱动力，观察指定的那个瓶盖有什么变化。

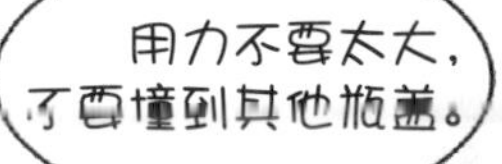

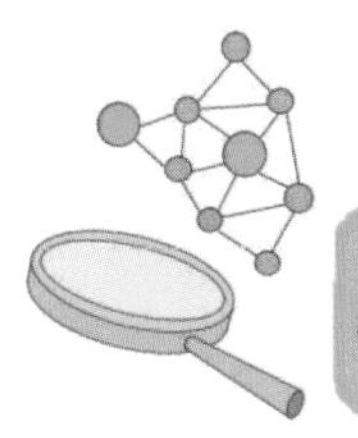

观察结果

你会发现，真的只有指定的那个瓶盖大幅摆动。

怪博士爷爷有话说

这三根线绑着瓶盖就像钟摆一样。较长的线摆动周期较长，而较短的线摆动周期较短。而不同频率的作用力能够让相应长度的线摆动，这就是共振现象。任何物体产生振动以后，由于其本身的构成、大小、形状等物理特性，原先以多种频率开始的振动，渐渐会固定在某一频率上振动，这个频率叫作该物体的“固有频率”，因为它与该物体的物理特性有关。当人们从外界再给这个物体加上一个振动（称为策动）时，如果策动力的频率与该物体的固有频率正好相同，物体振动的振幅达到最大，这种现象叫作“共振现象”。

59. 有魔力的风车

通过细铁丝摩擦吸管，吸管前端的风车就会转个不停。这是为什么呢？

准备工作

- 一卷透明胶带
- 一张纸
- 一把剪刀
- 一根牙签
- 一根可弯曲的吸管
- 一根细铁丝

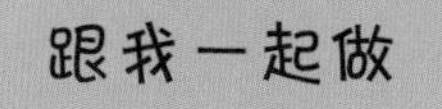

跟我一起做

1 用透明胶带将牙签固定在可以弯曲的吸管前端。用纸做一个直径为 1 厘米到 2 厘米的圆盘，在正中央挖个洞。在圆盘的正反面都画上放射状的线条，以便观察圆盘是否旋转。

将圆盘套在吸管上的牙签前端，用细铁丝摩擦吸管的锯齿状部分。

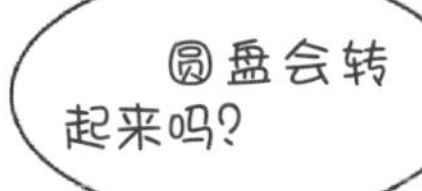

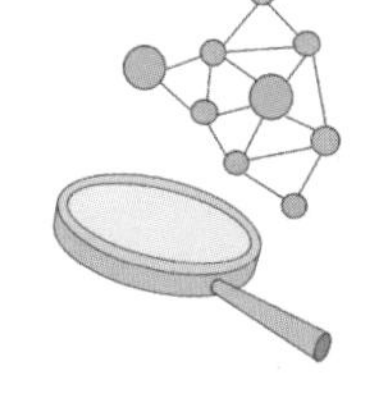

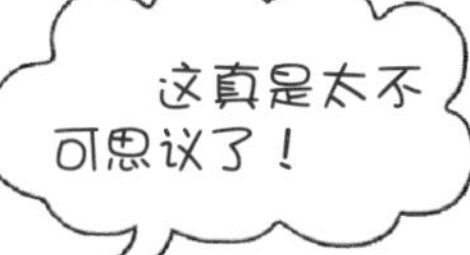

观察结果

你会发现，圆盘就会像风车一样转动起来。

怪博士爷爷有话说

风车的转动，是由细铁丝摩擦吸管的锯齿状部分时产生的振动造成的。如果摩擦吸管锯齿状部分的方法不对，风车就无法转动，这个实验需要多加练习才能成功。振动的手机或者剃须刀，放在平滑的桌面上，它们在振动的同时也会不停地移动。原理是一样的。

60. 抗震药瓶

地震是很可怕的自然灾害，会给人类带来生命危险，也会给建筑物带来致命的破坏。什么样的建筑物才能有效地抗震呢？

准备工作

- 三个空瓶
- 一本书
- 一堆沙土

各个瓶子中沙土的量要掌握好哦！

跟我一起做

1 三个空瓶，一个空着，另一个加入一半的沙子，第三个加满沙子。

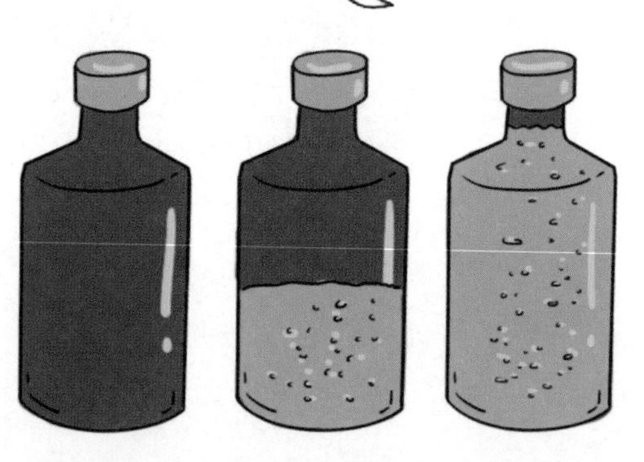

拧紧盖子，三个空瓶并排立在书上，将书倾斜一定的角度或者稍加晃动。

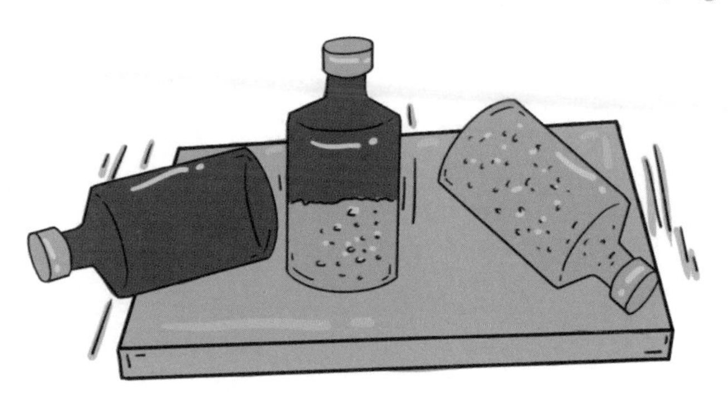

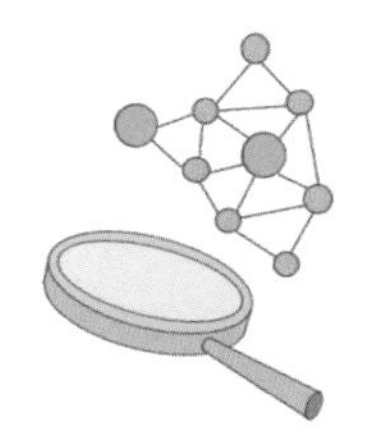

观察结果

咦？装满整瓶沙子的瓶子怎么倒了？

你会发现，最先倒的是装满整瓶沙子的瓶子和空瓶，而装半瓶沙子的瓶子则不容易倒下。

怪博士爷爷有话说

三个空瓶与书接触的底面积相同，但是重心越低的就越能保持稳定。半瓶沙子重心偏低，不容易因外力而倒下，装满沙子的瓶子与空瓶重心都在中间位置，相对容易倒下。

参考文献

[1] 德 萨恩．365个科学实验[M]．南京：江苏少年儿童出版社，2012．

[2] 王俊江．优秀小学生最爱挑战的科学实验[M]．哈尔滨：黑龙江教育出版社，2012．

[3] 稚子文化．让宝宝着迷的100个科学实验[M]．北京：化学工业出版社，2013．

[4] 华予智教．儿童科学游戏宝典[M]．北京：化学工业出版社，2010．

[5] 李蕴．孩子最爱玩的90×2个益智科学游戏[M]．北京：中国铁道出版社，2014．